호모 무지쿠스는 뇌로 음악을 듣는다

지은이 **구자현**

- 서울대학교 물리학과 학사, 동 대학원 과사철 협동과정 석사 및 박사
- 현재 영산대학교 성심교양대학 교수
- 2010년 제1회 한국창의연구논문상 장려상(한국연구재단) 수상
- 2010년 연구개발사업 기초 연구 우수성과(교과부 장관상), 2012년 인문사회 기초학문육성 10년 대표성과(한국연구재단) 선정
- 마르퀴즈 후즈후(Marquis Who's Who), 국제인명센터(International Biographical Centre), 미국인명연구소(American Biographical Institute)에서 편찬하는 다수의 인명사전에 2009년부터 연속 등재

저서 『레일리의 음향학 연구의 성격과 성과』, 『레일리의 수력학·전기학 연구』, 『쉬운 과학사』, 『앨프레드 메이어와 19세기 미국 음향학의 발전』, 『공생적 조화: 19세기 영국의 음악 과학』(2012년 문화체육관광부 우수학술도서), 『음악과 과학의 만남: 역사적 조망』(2013년 문화체육관광부 우수학술도서), 『음악과 과학의 길: 본질적 긴장』(2015년 세종도서), 『음악적 아름다움의 근원을 찾아서』(2016년 세종도서), 『소리의 얼굴들』(2016년 학술원 우수학술도서), 『과학과 인문학의 융합: 19세기 음향학의 수사학적 분석』, 『과학 대중화의 수사학적 비평: 《내셔널 지오그래픽》의 과학 기사 분석』

역서 『자연에 대한 온전한 이해: 이론 물리학, 옴에서 아인슈타인까지』 1~4권(한국연구재단 명저번역지원도서)

논문 "British acoustics and its transformation from the 1860s to the 1910", *Annals of science*(2006), "Uses and forms of instruments: Resonator and tuning fork in Rayleigh's acoustical experiments", *Annals of science*(2009), "Alfred M. Mayer and acoustics in nineteenth-century America", *Annals of science*(2013)

호모 무지쿠스는 뇌로 음악을 듣는다

초판 1쇄 2018년 10월 12일
초판 2쇄 2019년 11월 29일
지 은 이 구자현
펴 낸 이 김상동
펴 낸 곳 경북대학교출판부
출판등록 1973년 10월 10일 ㉑97호
주　　소 대구광역시 북구 대학로 80
전　　화 053-950-6741~3
팩　　스 053-953-4692
이 메 일 press@knu.ac.kr
홈페이지 http://knupress.com

ISBN 978-89-7180-494-0 93420
파본은 바꾸어 드립니다.

호모 무지쿠스는 뇌로 음악을 듣는다

구자현 지음

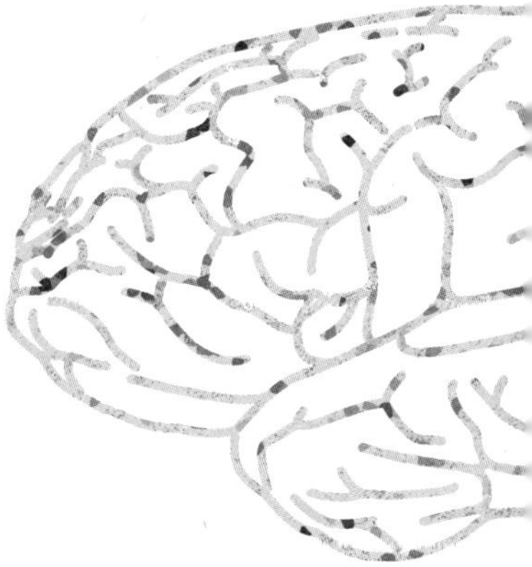

경북대학교출판부

머리말

사람에게 음악은 무엇일까?

사람들은 음악을 즐긴다. 밥을 먹듯이 음악을 듣는다. 횡단보도를 건너면서도 이어폰으로 들려오는 음악에 귀를 기울이는 젊은 남녀의 모습은 21세기 신풍속도이다. 음악은 황금알을 낳는 거위이며, 음악 산업은 수많은 젊은이들의 꿈이 잉태되는 곳이다. 현대인은 그 어느 때보다 첨단 정보 기술의 힘으로 편리하게 음악을 향유하고 있다. 음악은 모든 곳에 관여하며 인간의 삶을 부드럽고 풍성하고 충만하게 해 준다. 음악은 인간 문화의 모든 요소에 작용하여 양념처럼 맛을 낸다. 밋밋하던 동영상에 음악을 입히면 매력적인 작품으로 살아난다. 오리지널 사운드 트랙이 없는 영화는 상상할 수도 없다.

사람은 왜 그토록 음악에 정서적으로 민감하게 반응하는 것일까? 음악은 다른 욕구들처럼 인간의 생존에 그리 필수적인 요소로 보이지 않는데도, 첨단 도시 문명에서 새총이 유일한 무기인 원시 문명에 이르기까지 인간 사회 어디서나 인간과 함께해 왔다. 반면에 진화적으로 볼 때 인간과 가장 유연관계가 가깝다는 어느 유인원도 인간이 만들고 향유하는 음악과 유사한 창조물을 만들어 내지 않는다. 그런 점에서 음악은 언어만큼이나 인간을 규정짓는 독특한 인간성의 산물로 여겨지기에 '음악 하는 인간'인 호모 무지쿠스를 인간의 별칭으로 쓰기에 주저할 필요가 없다.

이 책은 호모 무지쿠스의 신비를 다각적으로 밝히기 위한 인류의 노력의 결실을 보여 준다. 소리의 진동을 이해하기 위해 물리학을 동원하는 것에서 시작하여 청각기의 해부학과 생리학을 거쳐서 심리학과 뇌 과학에 이르기까지, 인간이 왜 음악을 만들고 반응하고 즐기는지를 이해하기 위한 긴 여정을 밟는다. 이 과정은 음악과 인간의 본성에 대한 이해를 돕는 인문학적이면서 융합 과학적인 노력이다. 이러한 시도가 비록 부족함이 많을지라도 필자가 20여 년간 음악과 과학에 대해 연구해 온 결실로 나올 수 있었다는 점에서 만족을 느낀다.

이 저서가 나오기까지 음악과 음향학의 연구로 이끌어 준 많은 스승과 선배 학자들에게 감사한다. 20여 년을 오롯이 학문의 길로 나아갈 수 있었던 것은 공부가 즐겁다는 것을 발견했기 때문이다. 공부에 뜻이 없던 필자를 학문의 길로 이끌고 공부에만 매진할 수 있도록 모든 환경을 마련해 주고, 필자를 위해 희생해 온 아내 최윤정에게 감사한다. 끝으로 이 연구의 가치를 알아보고 기꺼이 출판해 준 경북대학교출판부에 감사하며, 꼼꼼하게 교정을 봐준 장준이 선생님께도 감사드린다.

2018년 9월

구자현

| 호모 무지쿠스 |

Homo Musicus

목 차

CONTENTS

C O N T E N T S

제1장

음악, 어떻게 우리의 마음을 움직이는가?

HOMO MUSICUS

1

음악, 어떻게
우리의 마음을
움직이는가?

1.
음악의
보편성

음악은 모든 문화권에 존재한다. 고도의 음악 문화를 만들어 낸 자바인, 아랍인, 유럽인, 동아시아인부터 원시 문명을 유지하는 아마존의 부족까지 어느 문명에서건 음악은 존재한다. 반면에 인간을 제외한 어떤 동물도 인간처럼 음악을 즐길 줄 모른다. 새소리에서 음악적 아름다움을 찾을 수도 있고 늑대의 울음소리에서 선율을 발견할 수도 있다. 새들이 짝을 찾기 위해서 독특한 곡조로 울 때 그것은 어떤 의미를 갖는 신호(sign)라는 점에서 사람이 생각을 표현하기 위해 음악을 사용하는 것과 유사하다. 어떤 조류는 포식자가 다가올 때 독특한 곡조로 울어 댐으로써 동료들에게 위험을 알린다. 여기에서도 독특한 곡조는 생각을 표현하기 위한 수단으로 여겨지므로 음악보다는 말에 더 가깝다. 사람은 생각을 전달하기 위해서는 음고가 다른 음을 연이어 발화함으로써 의사소통하기보다는 발달한 구강 구조를 이용하여 자음과 모음을 연이어 발생시킴으로써 의사소통하는 언어를 발달시켰다. 그렇지만 때로는 말을 다양한 높낮이의 음에 연이어 실은 노래로 의사소통을 하기도 한다. 노래 또는 성악의 출현은 인간에게 말을 뛰어넘어 더 효과적으로 정서적 교류를 할 수 있게 해 주었다.

최초의 음악은 이렇게 성악이었을 텐데, 그것은 곧 기악으로 발전하였다. 인간이 목소리를 사용하지 않고 여러 가지 도구를 사용하여 다양한 소리를 발생시키고 이것으로 생각과 정서를 전달할 수 있게 된 것이다. 가사 없이 곡조만으로도 생각과 감정을 표현할 수 있다는 점에서 동물들이 내는 소리에 더 근접한 것이 기악인 셈이다. 물론 동물들도 목소리 말고 다른 도구를 써서 소리를 내어 의사소통을 하기도 한다. 딱따구리가 나무를 쪼는 소리는 생존을 위한 작업의 부산물을 넘어 동료 간에 의사소통을 하는 수단이 되기도 한다. 여치가 날개를 부비는 소리는 신체를 도구로 써서 소리를 내어 짝을 찾는다는 점에서 기악과 유사하다. 동물을 흉내 내어 소리로 생각과 감정을 전달하는 수단으로 음악이 시작된 것은 사실이지만 인간은 거기에 머물지 않고 더 높은 수준으로 정신을 표현할 수 있는 수단으로까지 음악을 발전시켰다.

인간에게 음고를 인지할 수 있는 능력은 보편적인데, 거기에서 더 특별하게도 옥타브를 인지하는 능력을 보편적으로 갖는다는 것은 주목할 만하다. 어느 문화권의 음악에서건 어떤 음고에서 한 옥타브 위로 올라가거나 내려오면 다시 같은 이름의 음으로 불린다. 이러한 음고의 순환성을 '크로마'(chroma)라고 부른다. 이러한 현상은 지구상의 거의 대부분의 음악 전통에서 발견되는 것이었기에 수천 년에 걸쳐 사람들의 호기심을 불러왔는데, 최근에 들어서야 물리적·생리적·신경학적 이유가 밝혀지기 시작했다. 이러한 옥타브의 특별한 지위와 크로마, 5도의 탁월한 협화성은 거의 모든 문화권에서 인정되기에 보편성을 갖는다고 말할 수 있다. 이러한 보편성은 인간의 신경 체계가 정보를 처리하는 메커니즘의 고유한 특성과 관련되어 있기 때문이라고 할 수 있다. 21,000년 전부터 27,000년 전인 구석기 시대에 만들어진 유사 악기, 즉 속을 파내고 구멍을 뚫은 새 뼈의 발견을 통해서 이때 이미 음계가 존재했음을 추정할 수 있다.[1] 음계란 음악을 연주하기 위하여 선택된 음고의 집합을 일컫는다. 음계는 오래되었을 뿐 아니라 모든 음악 문화권에서 발견되는데, 기본적으로 옥타브 순환성을 바탕으로 하여 하나의 옥타브 안에 몇 개의 음고를 선택하는 방식으로 만들어진다. 어떤 음고를 선택할 것인가는 문화권마다 상이하지만 전혀 소통이 없었던 문화권 사이에서도 음계의 음고들이 일치하는 일이

---

1 Juan Roederer, *The Physics and Psychophysics of Musics: An Introduction*(London: Springer, 2008), p. 5.

종종 발생하는 것을 보면 특정한 음고에 대한 선호가 보편적으로 존재한다고 볼 수 있다.[2]

서양에서는 고대 그리스에서 피타고라스 음계가 수립된 이후에 이를 토대로 한 다양한 음계들이 출현하였다. 그중에서 순정률, 가온정률, 평균율로 이어지는 음계의 변천사는 음계의 음고를 어떻게 선택할 것인가의 문제가 음악의 양상에 따라 달라진다는 것을 보여 준다. 5도의 협화성을 토대로 한 피타고라스 음계와 사실상 동일한 삼분손익법(三分損益法)이 중국에서 독자적으로 고안되었고, 현대적 서양 음계라고 일컬어지는 평균율을 1596년에 처음으로 만든 사람은 명나라의 왕자 주재육(朱載堉, 1536~1611)이었다. 그는 로그를 사용하지 않고 평균율 12반음의 음고를 계산했다. 그러므로 음계를 구성하는 음의 선택이 어떤 점에서 문화적 보편성과 문화적 독특성을 갖는지를 살펴보는 것은 의미 있는 일이다.[3]

음악을 하는 인간의 능력이 보편성을 갖는다면 인간의 뇌가 그러한 능력을 공통적으로 갖고 있다고 볼 수 있을 것이다. 음악을 관장하는 뇌의 장소가 소리를 1차적으로 인지하는 청각 피질과 사고 과정을 담당하는 전전두엽 피질뿐 아니라 정서를 담당하는 '파충류의 뇌'라고 일컬어지는 대뇌 변연계를 포함한다는 것은 특별한 의미를 갖는다. 시상하부, 편도체, 해마상 융기, 뇌하수체, 기본

---

2 구자현, 『음악적 아름다움의 근원을 찾아서』(경성대학교출판부, 2015), p. 95.
3 구자현, 『음악적 아름다움의 근원을 찾아서』, pp. 110-167.

신경절을 포함하는 변연계는 생존을 지배하는 여러 가지 반사 작용이 이루어지며, 본능과 정서의 작용이 일어나는 곳으로, 사고의 개입 없이 모든 반응이 이루어진다. 음악이 정서적 반응을 민감하게 불러일으키는 이유가 여기에 있다. 그렇지만 더 고차원적으로 음악을 전전두엽 피질에서 해석하기 시작하면 그러한 음악의 속성은 인간의 본성을 뛰어넘어 존재한다. 음악은 모든 문화권에서 공통적으로 존재하지만 특정한 문화권에서만 통용되는 음악의 문법이 존재하는 것을 확인할 수 있다. 말이 문화권마다 다르듯이 음악을 통해 생각을 표현하는 방식도 문화권마다 달라서 지역마다 시대마다 독특한 음악이 만들어진다. 가령, 서양의 조성 음악의 문법은 다른 문화권에서는 통용되지 않는 독특한 속성의 음악을 창출해 낸다.

이러한 음악의 개별성을 감지할 수 있으려면 청각 중추가 민감성을 가져야 한다. 미묘한 소리의 차이를 구분할 수 있는 능력에서 사람은 여타 동물종의 능력을 초월한다. 작은 소리와 가청 주파수 범위 밖의 소리를 듣는 능력에서는 개가 사람을 뛰어넘을지 모르지만 가청 주파수 범위 안에서 미세한 음고의 차이와 화음의 차이를 구별할 수 있는 능력에서는 사람이 개보다 우월하다. 이러한 능력은 모두 음악 감상 능력에 연결되기 때문에 사람은 음악을 발명하고 그것을 더욱 높은 차원으로 끌어올리는 쪽으로 진화한 존재라고 말할 수 있다. 음악을 만들 수 있도록 인간의 뇌와 귀가 변화된 것이다. 그럼 점에서 우리는 '음악 하는 인간', 호모 무지쿠스(*Homo musicus*)를 인간에 대한 또 하나의 별칭으로 말할 수 있다.

음악을 만들고 감상할 줄 아는 인간은 특별하다. 음악을 듣지 않는다고 해서 인간이 죽는 것은 아니다. 그런데도 사람들은 늘 음악을 가까이한다. 음악을 들으며 쾌감을 느끼고 감동을 받기도 하고 눈물을 흘리기도 한다. 진화의 역사 속에서 선택되는 형질은 생존과 번식에 유익하여 생존 경쟁에서 우위에 서게 해 주는 속성을 가져야 한다면, 음악은 인간에게 생존과 번식상 어떤 유익을 가져다주는 것일까? 때로는 생존과 번식에 꼭 필요한 형질이 선택되는 과정에서 부수적으로 딸려 오는 형질이 있기도 하다. 그것은 해당 유전자가 선택된 유전자와 연관을 가지고 있다는 이유만으로 더불어 선택되는 유익을 누리는 경우에 속한다. 음악을 즐기는 인간의 특성이 그러한 경우에 속하는지 아닌지는 아직 음악 하는 유전자가 발견되지 않았기에 미지의 영역에 남아 있지만, 인간의 심리에 대한 다각적인 연구를 통해 인간이 어떻게 음악을 감상할 수 있는지에 대하여 조금씩 수수께끼가 풀리고 있다. 이 책은 음악 하는 인간, 즉 호모 무지쿠스의 비밀을 물리학·심리학·신경과학의 관점에서 추적해 보고자 한다.

우리는 음악이 무엇인지는 알지만 그것을 정의하기는 쉽지 않다. 동물이 환경의 소리에 귀를 기울이는 것은 주변 환경을 인지하려는 내적 동인에 따른 반응이다. 그러나 인간이 음악에 귀를 기울이는 것은 그러한 동인과는 거리가 있다. 환경의 소리와는 차별화되는 특성을 갖는 음악 소리는 제한된 소수의 음고로만 이루어진 소리의 중첩과 연쇄로 어떤 정보를 인간에게 전달하려는 것인가? 울던 아기는 엄마가 들려주는 단순한 노랫소리에 조용해진다. 아름다운 악곡은 우리를 소름 돋게 할 수 있고 끔찍한 악곡은 우리를 흥분하게 만들기도 한다. 어떤 행진곡은 잔인한 독재자에게 충성을 맹세하려는 자부심이 들게 할 수도 있다. 이런 일들은 어떻게 가능한 것인가? 음악은 인간 언어의 진화 과정의 부산물일지도 모른다. 언어를 진화시키는 신경적 발전이 음향학적 정보를 처리하는 복잡한 과정을 발전시키면서 음악을 만들고 식별하고 감지할 수 있는 능력을 가능하게 했을 가능성이 크다. 청각 피질의 뉴런들에서 음성학적 인식에 필요한 소리의 분석과 저장과 재생 작용이 가능해지면서 다른 동물에서는 가능하지 않은 음악적 정보의 인식을 가능하게 만들었을 가능성이 크다. 언어가 인간에게 기억 능력뿐 아니라 그와 관련된 정보 처리 능력을 엄청나게 증진시킨 것이다.

음악을 처리하는 데 있어서 좌반구와 우반구에 기능상의 차이가 있음이 알려져 있다. 일반적으로 언어가 진화하는 과정에서 좌반구와 우반구의 기능상의 분화가 이루어졌다고 알려져 있다. 97%의 사람들의 좌뇌는 언어 이해에 필요한 단기 작용을 수행하고 사고에 결정적으로 중요한 다른 단기 직렬 과정을 수행한다.

97%의 사람들의 우뇌는 공간 지각의 수행과 장기 표상을 위하여 협력한다. 우뇌의 전일적(全一的) 작용은 그림에 관여하는 방식으로 음악 지각에도 관여한다. 음악 지각은 청각 수용기와 더불어 악음(musical sound)과 음의 중첩에 의해 야기되는 공간 흥분 패턴의 분석부터 선율의 장기 패턴 분석까지를 포괄하는 전일적 임무를 포함한다.

왜 인간은 음악에 정서적으로 반응하는가? 왜 음악은 인간 뇌의 쾌감 중추를 자극하는 엔도르핀을 분출시키는가? 다시 말해 음악의 어떤 생물학적 생존 가치가 인간의 진화 과정에서 음악 사랑을 촉발시켰는가? 원시 악기를 고안하게 된 생물학적 목적은 무엇이었을까? 즉각적인 생물학적 목적을 갖지 않는 행동이라도 등산이나 축구나 황혼 완상의 동기가 어디에서 생겨났는지를 찾아내기는 어렵지 않다. 등산은 정복과 탐험의 욕구를, 축구는 능숙한 움직임을 개발하려는 욕구나 승리의 욕구를, 황혼을 완상하는 것은 휴식에 임박하여 어두운 은신처에 대한 기대감을 충족시키는 활동인 것이다. 그러나 특정한 음고의 악음을 배열하여 원시 사회의 인간이 얻고자 한 유전학적 이득은 무엇이었을까? 이 질문은 심미적 동기, 정서적 반응, 창조성의 등장과 관련된 더 포괄적인 질문의 일부로 고려되어야 한다.

사람은 노력하지 않고도 말을 배우듯이 음악도 노력하지 않고 배운다. 즉 아기가 엄마의 말에 귀를 기울이며 말을 배우듯이 엄마의 자장가에 귀를 기울이면서 음악을 배운다. 자장가는 어느 문화권에서나 다 찾을 수 있다. 여기에서 아기가 음악적 메시지를 처리하는 능력을 타고난다는 주장이 설득력을 얻는다. 그렇지만 언어와 음악이 함께 진화했다는 것에 대해서 만장일치가 이루어진 것은 아니다. 대부분의 반대는 인류학자와 행동주의 심리학자들에게서 온다. 그러나 음악이 감각 정보를 처리하는 대뇌 피질의 특정한 모드에 연결되어 있다는 판단, 즉 기본적이고 보편적인 음악의 특성을 고려할 때 음악이 단지 진화가 빚어 낸 행복한 사고라는 판단은 가능성이 적어 보인다. 우리의 타고난 신경 메커니즘(1차적 처리 작용)뿐 아니라 문화적 조건 형성(저장된 메시지와 학습된 처리 작용)이 음악에 대한 우리의 정서적 반응을 결정짓는 것이 분명하다. 이러한 문화적 조건 형성은 다수가 행동의 일관성을 달성하게 하는 데 음악이 효율적이라는 사실로부터 강화될 수 있다. 권력에 대한 충성이나 종교적 광신, 반사회적 행동, 이데올로기적 개종 등에 영향을 미치는 음악의 영향력을 생각해 보면 이 점에 동의할 수 있을 것이다.

2.
음악이 들리기까지

콘서트홀에서 음악을 들을 때 음악을 듣는 과정이 어떻게 이루어지는지 생각해 보자. 악기나 사람의 목에서 음악 소리가 흘러나온다. 흘러나온 소리는 공기를 흔들면서 퍼져 나가 청취자의 귀에 도달한다. 청취자의 귀는 청각 신호를 뇌로 보내 뇌에서 음악 소리를 해석해 낸다. 이 과정에 관여하는 삼자를 음원, 매개물, 수용자라고 부를 수 있다. 음원은 내보내고, 매개물은 전달하고, 수용자는 검출한다. 내보내고 전달하고 검출하는 대상은 탄성 에너지이다. 탄성 에너지는 압력이 커졌다 작아졌다를 반복하는 압력 진동이 가진 에너지이다. 이러한 압력 변화의 패턴은 음향학적 정보를 갖는다. 그러므로 우리는 음파를 단순히 탄성 진동이 아니라 내용과 의미를 갖는 정보의 운반체라고 해석할 수 있다. 음향학적 패턴을 통하여 음향학적 정보가 전달된다는 것은 소리라는 그릇에 의미라는 내용물이 담기게 되었음을 뜻한다. 이렇게 내용물을 소리에 싣기 위해서 소리는 여러 가지 변별적 속성을 가져야 한다. 그런데 이러한 변별적 속성은 말의 경우와 음악의 경우 서로 다르다. 말의 경우는 자음과 모음으로 구분할 수 있는 음소(音素)의 나열을 의미 변별의 핵심 요소로 본다. 반면에 음악에서는 음고, 음색, 음량, 음가(음의 지속 시간), 음의 연속, 음의 어울림(화성) 등을 변별적 속성으로 본다. 변별적 속성은 소리에 차별성을 가져와 그 차이를 사람이 인지할 수 있게 함으로써 음향학적 정보가 전달될 수 있게 한다. 이는 결국 우리가 디지털 매체에 음악을 저장하고 재생할 때 0과 1이라는 이진 기호를 사용하여 모든 음악의 변별적 요소를 전달해야 한다는 점을 생각하면 이해하기 쉽다.

음원이 상이한 소리를 만들어 내기 위해서는 첫째로 발성 메커니즘이 있어야 한다. 악기(사람의 후두를 포함)에는 소리를 만들어 내기 위한 독특한 물리적 성분이 있다. 연주자가 개입하여 작동되는 일차 발성 메커니즘이 그것이다. 바이올린 현을 켜거나 기타 현을 뚱기거나, 피아노 현을 때리거나 플루트에 있는 쐐기나 클라리넷에 있는 리드를 향하여 기류를 불거나 금관악기에서처럼 연주자의 입술을 향하여 기류를 불거나 목소리처럼 후두의 인대를 향하여 기류를 불어서 소리를 '발생'시키는 것이다. 음원이 상이한 소리를 만들어 내기 위해 필요한 두 번째 요소로는 특정한 진동수를 갖는 잘 정의된 진동 모드로 진동을 '유지'하는 진동 요소가 있다. 현이나 관 속의 공기가 특정한 방식으로 진동하면서 음고를 결정하고 다양한 진동 모드가 결합되어 개별적인 단조화 진동인 부분음이 합성된 악음을 '발생'시켜 독특한 악기의 소리나 목소리를 만들어 낸다. 또한 진동 요소는 관악기의 경우에 되먹임 짝짓기(feedback coupling)를 통해 일차 발성 메커니즘을 제어하기도 한다. 되먹임 짝짓기는 목관악기에서는 매우 강하고 금관악기에서는 약하며 후두에서는 일어나지 않는다. 음원이 상이한 소리를 만들어 내기 위해 필요한 세 번째 요소로는 공명(resonance)이 있다. 악기에는 공명기가 있어서, 일차 진동 요소인 현이나 공기 기둥의 진동을 효과적으로 주변 공기의 소리 진동으로 전환하고 음에 최종적인 음색을 부여한다. 공명기는 악기마다 상이한 특성을 보이는데 피아노에는 울림판이 있고, 기타나 바이올린에는 울림통이 있고, 목관악기에는 몸통이 있고, 목소리에는 구강(볼인두강)과 비강이 있다.

소리가 거쳐 가는 매개물에도 구분이 있다. 첫째로 소리를 전달하는 매질 자체가 있다. 음악이 관여하는 경우에 매질은 대부분이 공기이다. 악기를 둘러싸고 있는 공기는 악기에서 퍼져 나오는 역학적인 진동 에너지를 받아서 같은 진동수로 진동한다. 매질인 공기는 구성 입자의 진동 방향과 파동의 전달 방향이 일치하는 종파(소밀파)의 형태로 진동을 전달하는 성질을 갖는다. 널리 알려져 있듯이 공기를 구성하는 질소 분자나 산소 분자는 가만히 머물러 있는 것이 아니라 엄청나게 빠른 속력으로 병진 운동을 하면서 서로 충돌하고 있다. 그럼에도 불구하고 공기는 일정한 공기 덩어리 안에서 일정한 밀도를 유지하고 있어서 마치 정지해 있는 매질처럼 여겨진다. 공기가 유지하는 동적 안정 상태는 공기 덩어리 전체가 일정한 기압을 갖는 것으로 간주할 수 있게 한다. 소리가 매질에 전달되면 이러한 일정한 기압에 요동이 생기게 된다. 악기로부터 가해진 진동이 공기의 압력에 교란을 일으키고 그러한 교란이 종파의 형태, 즉 압축과 팽창이 번갈아 나타나는 형태로 매질을 통해 퍼져 나간다.

둘째로 벽이나 천장, 바닥, 청중 등의 경계물이 있다. 경계물은 소리의 반사와 흡수를 통해 소리의 전달에 강하게 영향을 미친다. 경계물이 어떤 배열을 갖느냐는 잔향이나 반향 같은 실내 음향학의 특성에 결정적인 영향을 미친다. 악기가 연주될 때 야외에서처럼 퍼져 나가는 소리가 장애물 없이 사람의 귀에 그대로 전달되는 경우는 거의 없다. 야외 연주의 경우에도 바닥은 경계물로서 소리의 진로에 개입하고 연주를 함께 듣는 청중에게서 반사되고 흡수되는 소리로 인하여 감상자의 귀로 들어오는 소리는 영향을 받게 된다. 더구나 대부분의 연주 상황과 같이 실내에서 연주가 이루어질 때에는 15℃의 기온에서 1초에 340미터를 달리는 소리의 속성상 소리는 빠르게 벽면, 천장, 바닥에 부딪쳐 반사되기를 반복한다. 벽면, 천장, 바닥이 소리를 100% 반사하는 경우는 없다. 일부 에너지는 흡수되기 때문에 소리의 세기는 반사될 때마다 약해진다. 그리하여 면들의 흡수율에 따라 메아리와 잔향이 영향을 받게 되고 그에 따라 음악 소리가 다르게 들린다. 일반적으로 잔향이 너무 짧거나 너무 길어도 음악 소리가 듣기 싫고 적당한 수준을 유지하는 것이 음악 감상에 최적 조건을 주는 것으로 알려져 있다.

마지막으로 수용자, 즉 청취자에게는 몇 가지 구조적 성분들이 있다. 소리를 모으는 장치로 머리의 양쪽으로 돌출한 독특한 모양의 귓바퀴가 있고, 소리를 고막으로 인도하는 외이도가 있다. 외이도 안쪽에는 일정한 장력을 가지고 펼쳐진 막인 고막이 있다. 귓바퀴, 외이도, 고막까지를 외이라고 부른다. 외이의 안쪽에는 중이가 있는데 고막이 연결되어 있는 세 개의 청소골, 즉 망치뼈, 모루뼈, 등자뼈가 고막에 전달된 음향학적 진동이 전달하는 힘을 효과

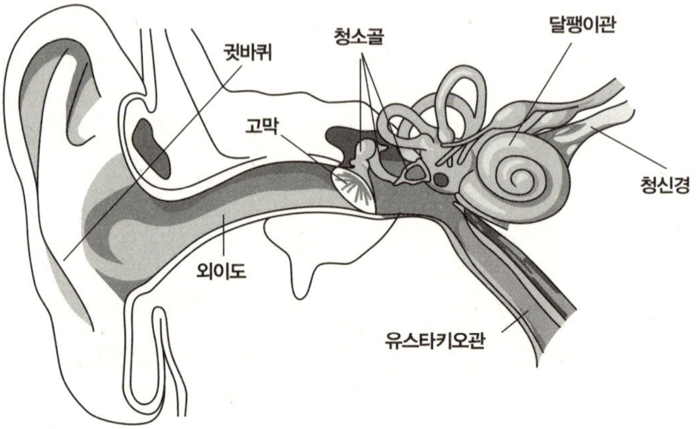

그림 1-1 귀의 구조

적으로 기계적 진동으로 변환시키고 증폭시켜 내이로 전달한다. 중이에는 청소골이 있는 공간을 비강과 연결하는 관인 유스타키오관이 있어서 중이의 기압을 고막 밖 외이도의 기압과 일치시켜 소리가 들어오지 않을 때 고막이 안쪽으로든 바깥쪽으로든 압력을 받지 않도록 해 준다. 등자뼈의 한쪽 끝은 내이 중에서 청각을 담당하는 기관인 달팽이관의 탄력막인 난원창에 연결되어 있다. 난원창은 타원형의 막으로, 기계적 진동을 달팽이관의 유체로 전달해 주는 역할을 한다. 달팽이관은 달팽이처럼 말려 있는 끝이 막힌 관으로, 관 안쪽의 림프액이 진동함으로써 기계적 진동을 진동수 범위에 따라 가려내는 역할을 한다. 달팽이관의 내부를 가르고 있는 기저막은 독특한 진동수를 갖는 기계적 진동을 전기 신호로 바꾸는 데 중요한 역할을 하는 청세포에 연결되어 있는 3,000여 개의 가로 섬유를 가지고 있다. 달팽이관 기부 쪽의 기저막 가로 섬유는 팽팽하여 진동수가 높은 음을 감지하고, 달팽이관의 가는 끝 쪽의 기저막 가로 섬유는 느슨하여 진동수가 낮은 음을 감지한다. 청세포는 기계적 진동을 전기 신호로 바꾸고 이 전기 신호를 청신경계가 뇌의 청각 피질로 전달한다. 청각 피질에서는 특정 뉴런이 특정한 음고에 대하여 반응하는 방식으로 음향학적 정보가 식별되고 기억에 저장되고 인지적 과정과 정서적 반응을 위하여 뇌의 다른 부위로 전달된다. 뇌에서 일어나는 일련의 단계들은 악음에 대한 의식적 인지 과정에 해당한다.[4]

청취자의 역할을 사람이 아니라 기계가 대신하게 할 수도 있다. 자기 테이프, 디지털 디스크, 광전 필름 같은 기록 장치를 사용하여 청취를 수행하려면 마이크에서 음향학적 진동을 검출하여 전기 신호로 변환하고 전기 회로에서 처리하여 원하는 저장 장치에 기록한다. 원시적 형태의 축음기에서는 기계적 진동을 전기 신호로 변환하지 않고 바로 왁스 면이나 주석 박에 기록하였다. 음원도 악기에서 CD 플레이어 같은 전자 재생 장치로 대체될 수 있다. 전자 재생 장치는 일차 발성 메커니즘과 진동 요소가 모두 스피커나 이어폰에 있다.

---

4 구자현, 『음악적 아름다움의 근원을 찾아서』, pp. 40-45.

3.
악음의 지각

모든 문화권은 일정하게 유지되는 악음에 세 가지 핵심적인 감각 요소인 음고(pitch), 음량(loudness), 음색(timbre)이 있다는 데 동의한다. 이러한 요소들이 갖는 주관적 속성을 정의하기는 쉽지 않다. 흔히 음고는 소리의 높이 감각을 지칭하고 음량은 음의 세기나 강도의 감각을 지칭한다. 음색은 음고나 음량이 같아도 다른 종류의 악기에서 나오는 소리임을 식별할 수 있게 해 주는 감각을 지칭한다. 이 세 가지 특징을 모두 가지고 있는 소리를 그렇지 않은 '소음'(noise)과 차별화하여 '악음' 또는 간단히 '음'(tone)이라고 부른다. 소음은 음량을 부여하는 것이 가능하기는 하지만 음색과 음고를 부여하기는 어렵다. 악음에 음고, 음량, 음색을 부여하는 것은 귀에서 일어나는 물리적 메커니즘과 신경계에서 일어나는 정보 처리 작용의 결과이다. 각 요소의 감각이 주관적이기에 물리적 측정이 불가능하기는 하지만 원리상으로는 원래의 자극인 음파가 갖는 물리적 특성에 연관될 수 있어서 이 3요소를 물리적 방법을 통해 측정하고 수로 표현하는 것이 가능하다. 음고의 감각은 우선적으로 '기본음 진동수'(fundamental frequency)와 연관되고 음량은 소리의 '세기'에, 음색은 소리 '스펙트럼'(spectrum)에 연관된다. '기본음 진동수'란 악음 속에서 반복되는 진동 패턴의 빠르기, 즉 단위 시간당 반복되는 진동 패턴의 수를 말한다. '세기'란 귀에 도달하는 음파의 에너지 흐름, 다시 말해서 압력 진동의 진폭을 지칭한다. '스펙트럼'이란 악음 속에 배음(harmonic)이라고 불리는 높은 진동수의 단순음(simple tone)들이 혼합되어 있을 때 각 배음의 상대적인 세기 분포를 지칭한다.

그러나 이것은 악음의 3요소에 대한 매우 단순화된 설명이다. 악음의 음고는 기본음이 빠져 있을 경우에도 명쾌하게 들릴 수 있고 음량이 변하면 약간 변화하며 같은 음이 양쪽 귀에서 다른 음고를 갖는 것으로 감각되기도 한다. 일정한 물리적 세기를 갖는 음이라 하더라도 진동수가 바뀌면 음량이 바뀌는 것으로 나타나고 몇 개의 다른 음고를 갖는 음들이 중첩되어 화음을 이룰 때 그 음량은 단순히 성분음의 에너지 흐름의 합이 되지 않는다. 짧게 지속되는 음의 연속에서 지각되는 음량은 각각의 음의 지속 시간에 의존한다. 그리고 악기의 음색을 인지하는 과정은 단지 음의 스펙트럼만이 아니라 훨씬 더 많은 정보를 활용하는 과정이다. 가령, 소리가 어떻게 시작되고 끝나는가가 음색 감각을 위한 결정적인 정보로 주어지기도 한다. 실제 음악 지각에서는 맥락 의존적인 편향이 뇌가 동원하는 정보로부터 유발된다. 가령, 같은 악기에서 나오는 소리라고 하더라도 소리를 검출하는 장치가 콘서트홀 안의 기하학적 구조에서 차지하는 상대적 위치에 따라서 음색이 달라지고 같은 악기에서 나오는 소리라도 음역(音域)상의 위치에 따라 스펙트럼의 조성이 달라진다. 그리고 뛰어난 음악가라 하더라도 전자적으로 배음을 제거한 악음을 들려주면 음고를 파악하기 어려워지는데, 이것은 그에게 친숙한 실제 소리와 함께 오는 추가적인 정보가 결여되어 있기 때문이다. 이러한 음악의 세 가지 감각 요소와 관련해서는 본문에서 좀 더 자세하게 논의하게 될 것이다.

또 하나의 음의 물리적 특성의 지각은 음파가 오는 방향의 지각이다. 사람은 소리가 들릴 때 그 소리가 어느 방향에서 들리는지를 알 수 있고 그에 대해서 관심을 갖는다. 이것은 기본적으로 사람의 청각이 위험으로부터 자신을 지키고 먹이가 될 대상이 어디에 있는지를 파악하기 위한 수단, 곧 생존 수단으로 발달했을 때 꼭 필요한 감각이었다. 소리를 발생시키는 대상의 방향을 파악할 때 즉각적으로 어떠한 행동을 취하여 위험에서 벗어나거나 대상을 포획하는 일이 가능했을 것이다. 이러한 생존 수단으로서 필요했던 음의 방향 특성에 대한 감각은 음악을 한층 높은 차원에서 감상할 수 있게 해 준다. 그것은 입체 음향이라고 말하는 것으로, 오케스트라의 연주가 공간상에 배치된 다양한 악기의 소리가 어우러져 형성하는 독특한 음향학적 공간 구조를 감각하는 것을 말한다. 여기에서 중요한 단서는 소리의 발생 위치에 따라 양쪽 귀에서 검출되는 음향 신호 사이의 시간 차이와 세기 차이이다. 시간 차이와 세기 차이는 신경계에서 측정되고 암호화되어 편측성(lateralization)의 감각을 내놓는다.

음악을 음악이 되게 만드는 것은 어떤 특정 시점에서 들리는 소리의 특성에만 관계되지 않는다. 음악은 시간 예술이다. 정지된 시간 속에서는 음악이 존재할 수 없다. 음악은 시간이 경과될 때에만 존재할 수 있다. 그렇지만 일정한 음고와 세기와 스펙트럼의 소리가 계속 이어진다면 듣기 싫을 것이다. 이러한 소리는 지루하게 느껴지고 시간이 조금 지나면 사람들의 주의를 끌지 못하므로 음악이 되지 못한다. 이런 지루한 소리가 사라지면 사람들은 소리가 있었다는 것을 비로소 깨닫게 된다. 반면에 음악은 음고와 세기와 스펙트럼 같은 소리의 물리적 특성이 계속해서 바뀌는 소리로 이루어진다. 들은 소리를 음악이 되게 하는 것은 이러한 소리의 시간 의존성이다. 개별 음이나 음의 중첩이 시간적 배열을 보일 때 그것을 음악적 메시지라고 부른다. 그러한 음악적 메시지가 어떤 정보를 전달하면 의미를 갖는다고 말할 수 있다. 여기에서 정보란 뇌에서 일어나는 어떤 반응이다. 정보는 단순히 소리를 인지하게 하는 요소를 제공하는 것을 뛰어넘어 어떤 저장된 기억을 불러내거나 이전에 저장된 메시지를 연상시키거나 정서를 불러일으킨다. 선율은 가장 간단한 음악적 메시지의 예이다. 의미 있는 음악적 메시지의 어떤 속성들은 서양 음악에서 핵심 요소이다. 조성과 으뜸음, 으뜸음으로의 회귀, 전조, 리듬 등이 그것에 해당한다. 모든 음악 문화권에서 받아들여지는 선율의 근본적인 특성은 음의 연속이 띄엄띄엄 떨어진 음고의 계단으로 진행하는 것이다. 우리의 청각계는 무한 수의 사용 가능한 진동수 중에서 음계의 기본 계단보다 훨씬 작은 진동수 변화를 감지할 능력이 있지만 음계에 해당하는 띄엄띄엄 떨어진 값들을 골라내기를 좋아한다. 또한 음악적 메시지를 분석하는 신경 메커니즘은 음고의 전이에 주목한다.

음악에서의 시간 요소를 좀 더 살펴보자. 심리 음향학적 관련성을 갖는 시간 변이가 일어나는 세 가지 독특한 시간 규모가 있다. 첫째는 0.00007초에서 0.05초의 주기를 갖는 미시적 시간 규모로, 음파의 실제 진동이 일어나는 시간 범위이다. 둘째는 중간 규모가 있다. 이는 0.1초 정도의 범위로 음의 도입과 소멸이 일어나는 미시적 특징의 시간 변이를 나타낸다. 셋째는 거시적 시간 규모이다. 0.1초 이상의 범위로 통상적인 음의 지속 시간이나 선율을 표현할 수 있는 시간에 해당한다.[5]

이들 각각의 시간 규모는 청각계에서 각기 독특하게 처리된다. 미시적 시간 규모의 진동은 내이에서 감지되고 암호화된다. 이 시간 규모에서 음고, 음량, 음색과 같은 일차적인 음의 감각이 유발된다. 중간 규모는 주로 귀에서 뇌의 청각 영역까지의 신경 경로에서의 처리 메커니즘에 영향을 미치고 음색 지각, 음고의 동정(同定)과 식별을 위한 추가적인 단서를 제공한다. 거시적 시간 규모는 가장 높은 신경 수준인 대뇌 피질에서 처리된다. 대뇌 피질은 실제 음

---

5 Roederer, *The Physics and Psychophysics of Music*, p. 7.

악적 메시지와 인지적 속성을 결정한다. 이렇게 청각 경로에서 더 높은 단계로 올라갈수록 심리적 속성을 정의하고 동정하기가 더 어려워진다. 이는 지각과 인지 과정이 음이 나타나는 맥락에 더 많은 영향을 받기 때문이다. 학습과 문화적 조건, 정서적 상태 등이 이 과정에 영향을 미치는 것이다. 이러한 맥락 의존성조차 인간의 뇌가 음향학적 정보를 처리하는 보편적인 방식에 의해 상당 부분 제어된다. 그동안의 음악 심리학적 연구는 낮은 수준의 음악적 처리에 집중되어 실제 음악에 대한 고차원적인 지각에 대해서는 거의 다루지 않았다는 불만이 제기되어 왔다. 이러한 문제 제기에 대하여 다행스럽게도 비침투 측정 기기인 기능성 자기공명영상(fMRI)이나 양전자 방출 단층촬영(PET) 등의 기술이 발전함으로써 실제 음악 지각과 관련되는 신경 작용에 대한 새로운 통찰력을 얻게 되었다. 이로써 뇌로 음악을 듣는 호모 무지쿠스의 능력이 뇌의 어디에서 기원하는지를 보다 상세하게 탐색할 수 있게 되었다.

4.
협화/불협화

작은 정수비를 협화(consonance)에 연결시키고 음계를 수학적 토대 위에 놓는 일은 고대부터 시작되었다. 작은 정수비를 협화 음정과 관련짓는 것은 사색이나 직관의 결과가 아니라 관찰에 토대를 둔 것이었다. 장력과 재질, 굵기가 같은 현의 길이의 비가 1:2이면 옥타브, 2:3이면 5도, 3:4이면 4도 등으로 불리는 협화 음정을 이룬다는 것이 피타고라스가 활동하던 기원전 6세기에 알려졌다.[6] 고대 그리스에서 맥놀이를 조율에 이용했을 가능성은 크지만 진동수나 그것의 음고와의 관련성은 알려지지 않았다. 수와 관련한 신비주의가 고대 그리스에는 널리 퍼져 있었고 피타고라스는 음악에서 그 주요한 근거를 찾았다. 그는 자연에 내재하는 수적 질서인 우주의 음악(musica mundana)은 악기의 음악(musica instrumentalis)과 인간의 지각을 지배하는 인간의 음악(musica humana) 사이의 연관성을 현악기의 현의 길이의 비와 사람이 느끼는 아름다운 소리의 어울림의 관계가 보여 준다고 여겼다. 이로써 사람은 심리적으로 단순한 비를 좋아한다는 인식이 서양인의 사고방식에 깊은 울림을 가져다주게 된다.

피타고라스가 인식한 작은 정수비와 협화 음정의 관계에 토대를 두고 피타고라스 음계가 출현했다. 피타고라스 음계는 현의 길이의 비가 1:2인 옥타브와 2:3인 5도를 이용해서 만들어졌다. 현대에도 단순한 정수비를 이용한 음계가 시도되었는데 실제로 매슈스(Matthews)와 피어스(J. Pierce)가 1988년에 발표한 음계는 진동수 비 3:5:7:9를 이용하여 만들어졌다. 차우닝(Maureen Chowning)은 이 음계

6 구자현, 『소리의 얼굴들』(경북대학교출판부, 2015), pp. 60-61.

로 노래하는 훈련을 받았고 불랜저(Richard Boulanger)는 이 음계로 여러 곡을 작곡하기도 했다.[7]

메르센(Marin Mersenne)과 갈릴레오(Galileo Galilei)는 음고와 진동수의 관계를 17세기 초에 독립적으로 발견하였다. 메르센은 『우주의 조화』(*Harmonie Universelle*)를 써서 소리에 대해 상세하게 논의했다. 그는 음고가 진동수로 결정된다는 것을 실험으로 입증했을 뿐 아니라 음속을 측정했고 현에서 나오는 소리에 그 음의 기본음 진동수보다 높은 진동수의 소리가 존재함을 발견했다. 그는 기본음의 진동수의 2배, 3배, 4배, 5배의 진동수를 갖는 제2, 제3, 제4, 제5 부분음을 확인한 것으로 인정된다. 갈릴레오는 『두 가지 새로운 과학에 관한 논설』(*Dialogo sopra i due massimi sistemi del mondo*, 1637)에서 소리에 관해 논했는데, 음고와 진동수의 관계를 논의했을 뿐 아니라 협화 음정이 단순한 정수비와 연관되는 이유를 설명했다. 이는 일치 이론이라고 불리는 것으로, 소리가 펄스의 연속이라고 보는 갈릴레오의 개념에 기초를 둔 이론이었다. 갈릴레오는 협화음이 규칙적으로 고막을 두드리는 소리의 쌍이라고 보았다. 가장 듣기 좋은 협화음인 옥타브는 낮은 음이 한 번 고막을 두드릴 때마다 높은 음이 두 번씩 고막을 두드리고, 그다음으로 협화도가 높은 5도는 낮은 음이 두 번 고막을 두드릴 때 높은 음이 세 번

7 구자현, 『음악적 아름다움의 근원을 찾아서』, pp. 214-215.

고막을 두드리므로 옥타브가 5도보다 더 자주 파형의 일치가 이루어져서 협화도가 더 높다고 설명한다.

갈릴레오의 이론은 경험적 근거로부터 배격되었고, 오늘날은 진동수의 차이가 적은 단순음들이 함께 울릴 때 발생하는 맥놀이가 원인이 되어 불협화음이 일어나는 것으로 여겨진다. 헬름홀츠(Hermann von Helmholtz)는 1877년에 인접한 진동수를 갖는 두 단순음이 일으키는 맥놀이가 불협화음의 원인이라고 보았다. 1966년에 플롬프(R. Plomp)는 이 이론을 지지하기 위해 실험을 하여, 진동수가 인접한 두 사인파가 함께 울려 맥놀이가 들리지 않을 때에도 불협화음이 들린다는 결과를 발표했다. 두 사인파의 진동수가 접근할수록 거칠기는 더욱 커지는 것으로 나타난다. 이 거칠기는 옥타브의 4분의 1인 장3도보다 작은 음정에서 현저하게 나타난다. 이 현상은 사인파를 발생시키는 전자 장치를 가지고 실험하여 확인할 수 있고 악음을 가지고도 확인할 수 있다. 협화도가 가장 큰 음정, 다시 말해 불협화도가 가장 작은 음정인 옥타브를 이루는 두 악음, 즉 부분음의 진동수 {f, $2f$, $3f$, $4f$, $5f$, $6f$ …}와 {$2f$, $4f$, $6f$ …}를 갖는 두 음이 함께 울리면 부분음의 진동수는 서로 완전히 겹쳐지므로 맥놀이가 발생하지 않아 어떤 거칠기도 발생하지 않는다. 부분음의 수가 과도하지 않아 9개 이하이면 옥타브 다음으로 협화도가 높은 5도(2:3)의 부분음은 {$2f$, $4f$, $6f$, $8f$, $10f$, $12f$, $14f$, $16f$, $18f$ …}와 {$3f$, $6f$, $9f$, $12f$, $15f$, $18f$, $21f$ …}로 진동수가 서로 겹치거나 멀리 떨어져 있어서 거칠기가 별로 발생하지 않는다. 완전4도(3:4), 장3도(4:5), 단3도(5:6)에서도 순차적으로 더 적은 정도지만 이런 일이 벌어진다.

1987년에 이런 논의를 확인하는 실험이 수행되었다. 실험자들은 옥타브를 기준음 진동수의 2.1배가 되도록 음의 간격을 일정한 비율로 늘렸다. 또 부분음의 진동수들도 같은 비율로 늘려 주었다. 이렇게 조율된 특수 악기로 4성부의 바흐 합창곡을 연주하자 약간 이상한 느낌이 들었지만 모든 음들이 조화롭게 들렸다. 그러나 어느 한쪽만을 2.1배로 늘렸을 때에는 음악이 끔찍하게 들렸다. 이로써 헬름홀츠와 플롬프의 이론은 확실하게 지지를 받게 되었다.[8]

배음들은 고차로 올라갈수록 음정이 좁아져 음고의 차이가 짐짐 줄어들어 식별하기 어려워진다. 전통적인 악기에서는 차수가 올라가면서 배음의 진폭이 급격하게 줄어들어 문제가 되지 않지만 전자 음향에서 고차의 배음이 살아 있으면 음은 거칠고 웅웅거리고 '전자음' 특유의 소리가 된다. 사람의 목소리는 낮은 부분음들이 발성 기관의 공명에 의해 강화되고 스펙트럼 중에서는 상대적으로 강한 부분음들인 포먼트(formant)를 제외하면 급격히 약화된다. 본문에서는 여러 종류의 악기에서 나오는 복합음들이 듣기 좋고 서로 잘 어우러지는 이유를 자세히 분석하고, 복합음 사이에서

8 Diana Deutsch (ed.), *The Psychology of Music*(London: Academic Press, 1999), p. 13.

협화와 불협화가 이루어져 화음을 만들어 내는 과정을 물리적·심리적·신경과학적 관점에서 좀 더 자세하게 살펴볼 것이다.

5.
콘서트홀과 소리 전달

벽에서 강하게 반사되는 소리는 음악에 교란을 준다. 사람은 60~70밀리초 뒤에 들리는 메아리는 식별할 수 있지만 그보다 짧은 시간으로 뒤따르는 메아리는 식별하지 못하고 직접 도달하는 소리의 방향에서 소리가 온다고 생각한다. 이러한 현상을 하스 효과(Haas effect)라고 부른다. 실내에서는 여러 벽면에서 반사된 소리가 원음을 뒤따르며 울리는데 이는 음악에 좋은 울림을 가져온다. 이는 메아리라고 부르지 않고 잔향(reverberation)이라고 부른다. 최적 잔향 시간은 노래보다 오르간 음악이나 오케스트라 음악에서 더 길다. 잔향은 음질만 좋게 해 주는 것이 아니라 소리가 멀리에서 온다는 느낌도 준다. 잔향 시간이 길수록 음원이 멀리 있다고 인식된다. 또한 콘서트홀에서는 악기의 소리가 직접 도달하거나 반사되어 도달하면서 만들어지는 현장감이 음악의 질을 더 높여 준다. 그래서 사람들은 재생 음악보다 실황 음악을 더 선호한다. 그렇지만 실황 음악도 어떤 콘서트홀에서 듣느냐, 또 어느 자리에서 듣느냐에 따라 음악의 질이 천양지차이다.

콘서트홀의 내부가 악단도 좌석도 청중도 없는 직육면체 공간이면 그 안에서의 음향학을 고려하기가 쉬울 것이다. 음파의 미분 방정식은 선형이고 x, y, z 세 개의 직교하는 축에 대하여 독립적인 세 변수는 분리가 가능하다. 그러므로 소리의 파동 방정식은 2차의 선형 미분 방정식으로, 그 해는 적분에 의해 시간과 공간상에서 전개되는 사인파의 형태로 구해진다. 이렇게 구해진 해는 공명 해이며 '정상 모드'(normal mode)라고 불리는 것으로, 직육면체의 내면이 반사가 잘되는 타일에 덮인 공간에서의 음파의 분포를 보여 준다. 그렇지만 수학적으로 모두 풀린다고 해서 문제가 다 사라지는 것은 아니다. 세종문화회관 대강당과 같은 공간에서 통상적인 청중이 들을 수 있는 정상 모드의 수는 수조 개 이상이다. 이렇게 진동 모드가 많은 이유는 사람이 들을 수 있는 소리의 파장이 콘서트홀의 규모에 비하여 매우 작다는 의미인데, 이에 따라 음파의 파장을 0에 가까운 것으로 볼 수 있게 되어 회절의 효과가 나타나지 않아 음파를 광선처럼 취급할 수 있게 된다. 광선의 움직임을 논하는 기하 광학이 있듯이 기하 음향학은 음파가 회절 없이 직진하고 반사면에서 입사각과 반사각이 같아지는 반사의 법칙을 따르고 흡수면에서 정해진 흡수율에 따라 흡수가 일어나는 것으로 보고 논의를 전개한다. 지금은 컴퓨터를 사용하면 소리의 경로를 잘 따라가서 흡수율과 잔향 시간의 관계와 같이 과거에 파악하기 어려웠던 문제도 풀 수 있게 되었다.

통상적인 콘서트홀 안에는 욕실보다 복잡한 소리의 반사면과 흡수면이 존재한다. 게다가 소리는 어느 자리에 앉아 있는 청중에게나 모두 가능한 한 최상의 조건으로 도달해야 한다. 닫힌 공간의 음향학적 상태를 표현해 주는 중요한 개념은 잔향 시간이다. 20세기 초에 잔향 시간의 개념을 처음 들고 나와 건축 음향학의 과학화에 기초를 놓은 인물은 하버드 대학의 물리학과 교수인 새빈(Wallace Clement Sabine)이었다.[9] 잔향 시간은 어떤 닫힌 공간이 얼마나 잔향 효과를 지속하느냐를 나타내는 상수이다. 일반적으로 잔향 시간은 주어진 점에서 소리 에너지 밀도가 음원이 소리의 발생을 중단한 순간의 100만분의 1로 줄어들 때까지 걸린 시간을 말한다. 우리의 경험에 따르면 어떤 닫힌 공간에서 잔향 시간은 위치에 거의 의존하지 않고 닫힌 공간 전체에서 거의 일정한 값을 나타낸다. 그러므로 우리는 어떤 닫힌 공간의 잔향 시간에 대해 말할 수 있다. 잔향 시간은 소리의 진동수에 의존할 수 있고 닫힌 공간이 텅 비었느냐 사람이 차 있느냐에 따라 달라진다. 특별히 지적하여 진동수를 명시하지 않으면 잔향 시간은 일반적으로 중간 청음 대역인 500~1,000Hz의 값을 지칭한다. 새빈은 잔향 시간이 닫힌 공간의 부피에 비례하고 내면의 면적에 반비례한다는 것을 발견했다. 그가 주목한 또 하나의 요인은 닫힌 공간의 평균 흡음률

9 Emily, Thompson, *Soundscape: Architectural Acoustics and the Culture of Listening in America, 1900-1933*. Cambridge: MIT Press, 2002.

이다. 카펫이나 스펀지와 같은 재료는 흡음률이 높아서 잔향 시간을 짧아지게 하고 매끈한 유리나 대리석은 흡음률이 낮아서 잔향 시간을 길어지게 한다. 보통 닫힌 공간의 내면은 여러 가지 재질로 덮여 있어서 재료 자체의 흡음률에 해당 재료가 덮고 있는 넓이를 곱한 값을 모두 더하고 그것을 전체 내면의 넓이로 나누면 평균 흡음률을 구할 수 있다. 재료의 흡음률은 0에서 1 사이의 값을 갖는데 흡음률은 1에서 반사율을 뺀 값에 해당한다. 즉, 소리 에너지를 100% 반사하는 재료는 반사율이 1이므로 흡음률은 0이고 소리 에너지를 100% 흡수하는 재료는 흡음률이 1이므로 반사율은 0이다.

빈 음악협회 홀(Vienna Musikvereinsaal)의 잔향 시간은 2초로, 클래식 음악을 연주하기에 최적이다. 현대의 콘서트홀들은 청중이 들어찼을 때에나 그렇지 않을 때에 잔향 시간이 변하지 않도록 설계한다. 이것은 청중 수의 차이로 인해 연주하는 음악의 전달 특성이 달라지는 것을 막으려는 조처이다. 옛날에 흔히 그랬던 것처럼 나무로 만들어진 좌석, 커튼이나 흡음재가 없는 매끈한 벽면이나 천장, 카펫이 깔리지 않은 매끈한 바닥 등은 청중이 비었을 때 소리를 잘 반사해서 콘서트홀의 잔향 시간을 엄청나게 길어지게 만든다. 이런 곳은 오케스트라가 리허설 할 때 끔찍한 음향 효과를 내므로 리허설 커튼을 설치해 청중을 대신하게 함으로써 잔향 시간을 줄어들게 하는 방법이 채택되곤 한다. 250Hz 이하의 저음대에서는 잔향 시간이 20% 이상 길어지는데, 주의 깊은 청취자는 잔향 시간이 5%만 변해도 그것을 알아차릴 수 있으므로 이는 큰 변화이다. 음악 연주를 위해서는 이러한 특성이 좋은 효과를 내지만 연설에 대해서는 그렇지 않다.

새빈이나 이후 현대적인 수정 이론들이 내놓은 식의 경우에도 실제 잔향 시간과 일치하는 식은 아니다. 이는 일반적인 공간이 생각보다 복잡한 형태를 띠고, 흡음률이 다양한 재료로 덮여 있기 때문이다. 이러한 문제를 고려하여 컴퓨터 시뮬레이션을 통해 어떤 닫힌 공간의 잔향 시간을 계산할 수 있다. 이것을 평면에서 실행할 경우에는 해당 콘서트홀의 평면도를 가져다 놓고 음원이 있는 위치를 표시한 후에 음원에서 1.2° 간격으로 방사상으로 300개의 음선(sound ray)을 내보내도록 한다. 벽면에는 흡음률을 표시해 놓고 음선이 면에 부딪칠 때마다 반사되는 음선의 에너지 감쇠를 계산한다. 음선의 진행 거리를 음속으로 나눔으로써 시간의 경과를 계산한다. 이렇게 해서 300개의 음선의 에너지 총합이 처음 음선의 에너지 총합의 100만분의 1이 될 때까지 경과하는 시간을 컴퓨터로 계산한다. 일반적으로 모든 재료는 소리가 면에 부딪치는 각도에 따라서 흡음률이 달라진다. 그렇지만 계산의 편의를 위해서 모든 각에 대하여 평균적인 흡음률을 얻어 놓는다.[10]

소리의 특성과 소리에 대한 선호의 주관적 문제는 어떻게 과

---

10 Deutsch, *The Psychology of Music*, p. 30.

학적으로 탐구할 수 있는가? 이에 대한 과학적 탐구가 매우 어렵다는 것은 인간의 기호의 미묘함과 이에 관여하는 다양한 변수들에서 기인한다. 실제적인 방법은 콘서트홀을 지어 놓고 사람들에게 그 안에서 음악을 듣고 평가하게 한 다음 그 결과를 바탕으로 콘서트홀을 헐고 다시 짓는 것일 텐데 비용 문제로 그렇게 하지 못한다. 실내 소품만 바꾼다고 해도 비용이 엄청나다. 이러한 문제를 해결하기 위한 방안으로 대두된 것이 축소 모형을 만들어 그것으로 음향학적 테스트를 수행하는 방법이다. 규모를 고려하여 소리의 진동수를 늘려서 발생시키는 작은 마이크를 음원으로 쓰고 녹음기는 같은 비율로 빨리 회전시키면서 녹음을 하고 재생시킬 때에는 정상 속도로 재생을 시키면서 주관적 평가를 실시한다. 이 방법에는 사실상 난점이 많다. 진동수는 규모에 따라 변위시킨다고 해도 흡음률을 얼마나 변위시켜야 하는지 알기 어렵기 때문이다. 축척이 20이면 2,000Hz 내지 200,000Hz 범위의 흡음률을 갖는 재료를 확보해야 한다. 그것은 실제적으로 거의 불가능하므로 타협이 필요하다.

또 다른 방법은 모형의 한편에서 작은 전기 스파크를 일으키고 음향학적 임펄스 응답을 오실로스코프에 기록하는 것이다. 이 임펄스 응답은 축척 인자를 곱한 후에 전기 네트워크로 시뮬레이션 하여 선택된 프로그램을 위하여 필터로 사용하는 것이다. 또 다른 방법은 컴퓨터를 사용하는 방법인데, 모형에서 퍼지는 소리를 마이크로 받아들여서 녹음하지 않고 바로 컴퓨터로 받아들여 디지털 필터 응답으로 샘플마다 직접 변환시키는 것이다.

대부분의 사람들은 잔향 시간이 긴 것을 짧은 것보다 좋아하고 두 귀 사이의 일치성(interaural coherence)을 선호하지 않는다. 다시 말해서 양쪽 귀에서 같은 소리를 듣기보다는 다른 소리를 듣는 것을 좋아한다. 이것은 사람들이 모노로 음악을 듣기보다 스테레오로 듣는 것을 더 좋아하는 데서도 알 수 있다. 사람들이 콘서트홀의 폭에 대한 부정적 기호를 갖는 것도 같은 이유로 설명된다. 폭이 넓은 콘서트홀은 무대 정면에서 오는 소리와 천장에서 오는 소리에 비하여 양 옆에서 오는 소리가 약해서 사람의 머리 주변의 에너지 다발 분포(energy flux distribution)가 두 귀 사이의 일치성을 크게 만든다. 현대의 콘서트홀이 만족스럽지 못한 연주 음향을 청중에게 선사하는 이유 중 주요한 것은 현대적인 콘서트홀이 폭이 넓은 데다 옛날의 신발 모양의 높은 천장을 가진 홀에 비하여 상대적으로 천장이 낮다는 것이다. 옛날에는 숨 쉬기 위한 공기를 충분히 확보하기 위해 천장을 그렇게 높게 만들곤 했지만 현대 건물에서는 에어컨과 강제 환기 시설 때문에 천장을 높이 만들 필요성이 줄어들었기에 천장이 낮아지게 되었는데, 그것이 오히려 콘서트홀에서 연주되는 음악의 질을 떨어뜨리는 결과를 가져온 것이다. 측방향 반사의 중요성은 디지털 조정에 의하여 컴퓨터가 원음에 측면 반사음을 추가해 줌으로써 청중의 만족도가 향상된 것에서 확인된다.

모스크바의 크레믈린 의회 궁전은 6,000석 규모인데 흡음률이 높은 재료를 써서 잔향이 짧아 연설을 하기에 적당하다. 파리의 퐁피두에 있는 프로젝시옹 홀(Salle de Projection)은 3,000석 규모인데 벽에 삼각 피라미드가 설치되어 용도에 맞추어 회전이 되면서 흡음률이 다른 벽의 재료를 내놓아 용도에 맞추어 잔향 시간을 조절하게 되어 있다. 런던의 로열 페스티벌 홀(Royal Festival Hall) 역시 3,000석 규모인데 낮은 진동수 대역의 잔향 시간이 짧아 따뜻한 느낌이 적다. 이를 해결하기 위하여 소유주들은 수백 대의 마이크와 앰프, 필터, 스피커를 설치하여 공명 체계를 구축함으로써 58Hz에서 700Hz 범위에서 활발한 되먹임을 주도록 했다. 결과적으로 잔향 시간은 300Hz 이하의 낮은 대역에서 1.4초에서 2초로 늘어났다. 스톡홀름에 있는 2,000석 규모의 콘서트 하우스에는 54대의 마이크와 104대의 스피커가 설치되어 잔향 시간을 늘어나게 하였다.

어떤 경우에는 공공 연설을 위한 최적의 조건으로 강당의 음향 조건을 조정할 필요가 있다. 이 경우에는 300Hz 이하의 낮은 진동수 대역을 억누르고 높은 진동수 대역을 강화하기 위한 조처로 소리 흡수가 잘 이루어지는 청중석을 향하여 수직으로 스피커들을 배열하여 소리가 흩어져 잔향을 일으키는 것을 줄인다. 소리가 연사의 입술에서 나오는 듯한 착각을 불러일으키기 위하여 직접적인 소리보다 10밀리초만큼 늦게 스피커에 소리가 주입되게 한다. 이렇게 음향 공학자들은 인공적인 전기 음향 시스템을 활용하여 닫힌 공간이 갖는 음향학적 한계를 극복하는 다양한 방안들을 도입하여 음악회나 강연회의 목적에 맞는 최적의 음향 조건을 만들기 위한 노력을 지속하고 있다. 그렇지만 청중마다 상이한 음향학적 취향을 충족시킨다는 것은 매우 어려운 문제이다.

6.
정보 전달인 음악

심리 물리학(psychophysics)의 한 분야인 심리 음향학(psychoacoustics)은 음향학적 자극을 청각과 연결시키는 연구이다. 물리학처럼 심리 물리학은 물리적 자극 입력과 심리적 출력 사이의 인과적 연관을 실험과 측정을 통해 확립하기를 요청하면서 이러한 실험과 측정의 결과를 엄밀한 정량적 데이터로 표현하기를 기대한다. 그러나 심리 음향학에서는 어떻게 음고, 음량, 음색에 대한 주관적 감각을 정의하고 측정하느냐가 주요한 과제로 여겨진다.

인간에게 양적 인지를 정확하게 할 수 있는 능력이 있다는 것은 놀랍다. 길이가 두 배 길다든지, 높이가 두 배 높다든지, 무게가 두 배 무겁다고 인지하는 감각은 즉각적이면서 상당히 정확하다. 소리와 연관해서도 사람들은 음고가 두 배 높다, 음량이 두 배 크다, 음의 길이가 두 배 길다고 말하는 등, 소리의 특성과 관련하여 즉각적이면서도 상당히 공통적인 감각을 갖고 있다. 이는 사람의 뇌가 경험과 학습을 통해서 관련된 단위를 만들 수 있고 해당하는 비교의 심리적 과정을 수행할 수 있음을 의미한다.

소리와 음악의 감각과 지각의 과정에서 뇌가 차지하는 부분이 크기 때문에 우리는 체계 신경과학(systems neuroscience)으로부터 많은 도움을 받는다. 체계 신경과학은 환경과 몸으로부터 받은 정보를 인지적·정서적·행위적 출력과 연관시키는 신경계의 기능을 연구하는 과학이다. 이 과학은 주로 뇌에 대하여 연구한다. 체계 신경과학은 물리학처럼 모형을 많이 사용한다. 여기에서 모형은 기능적 관계에 대한 모형이나 신경 네크워크 모형들로, 이상화와 단순화를 특징으로 한다. 동물 뇌의 고등 기능은 주로 대뇌 피질에서 수행되는데, 동물은 개체의 생존과 종의 영속 가능성을 높이려는 목적으로 행동한다. 이러한 행동은 유전자 안에 프로그램 되어 있지만 포유류와 같은 고등 동물은 대뇌 피질에서 사고를 통해 행동을 제어한다. 생존과 번식 가능성을 극대화하기 위한 임무를 수행하는 대뇌 피질의 판단과 결정은 전반적인 동기와 관련해서는 대뇌 변연계에서 통제된다. 대뇌 변연계는 뇌의 오래된 부분으로, 뇌 속의 깊은 곳에 들어가 있는 핵들로 이루어져 있다. 대뇌 변연계는 유기체의 정서적 상태, 가령 슬픔, 기쁨, 걱정, 희망, 사랑, 미움, 행복 등을 구성하는 신호를 내보내는데, 이러한 신호가 대뇌 피질에 도달할 때 이러한 정보를 바탕으로 대뇌 피질, 특히 전두엽은 정서적 반응에 대한 되먹임으로 어떠한 행동을 할지 결정을 내린다.

인간의 뇌는 오프라인으로 작동될 수 있다. 이 말은 뇌가 자신이 내어놓은 출력에 근거하여 작동되고, 외부 환경의 상태와 완전히 무관한 행위 반응을 보이기를 계획할 수 있음을 의미한다. 이러한 행위들은 당장의 생존을 위하여 요구되는 것과는 무관한 목적을 달성하기 위하여 수행된다. 뇌는 외부 자극이나 신체 자극이 없이 자신의 뜻에 따라 정보를 회상하고 그것을 분석하고 그 결과를 수정된 형태로 저장한다. 이러한 과정을 우리는 사고 과정이라고 부른다. 이러한 자체 명령 역량 때문에 인간의 뇌는 변연계의 지배를 벗어날 수 있고 진화상 유익이 없는 정보 처리 작용에 종사할 수 있다. 그래서 인간은 먹는 것을 참으며 다이어트를 할 수 있고 추상 수학과 음악을 만들어 낸다.

그렇다고 해서 음악이 완전히 오프라인적 사고의 산물만은 아니다. 음악이 추상적 성격을 띠기도 하지만 음악은 인간의 정서를 자극하는 특별한 능력을 가지고 있기 때문에 음악에 대하여 인간이 반응할 때 대뇌 변연계의 작동이 필수적이다. 우리 중 다수는 음악을 분석적으로 듣기 전에 총체적으로 듣고 정서적 반응을 보이는데 때로는 슬픔, 때로는 기쁨, 때로는 엄숙함, 때로는 비장함, 때로는 흥겨움, 때로는 에로틱함 등 다양한 정서에 빠져든다. 이러한 반응은 대뇌 피질의 작용이 있기 전에 변연계의 반응을 통하여 나타난다. 사람들이 이성적인 구매 활동을 하지 못하고 충동구

매에 사로잡혔다가 나중에 후회하게 되는 것도 모두 변연계가 농락당하기 때문이다. 변연계의 작동은 전전두엽 피질의 의식 작용을 벗어난 곳에서 일어나기 때문에 무의식적 반응이고, 사람에게 음악은 무의식을 파고드는 속성을 가지고 있다. 그렇기 때문에 의식이 없는 식물인간 상태의 환자에게 음악을 들려주면 반응을 보이곤 한다. 이것은 음악 치료의 방법으로 활용되곤 하는데, 환자가 반응을 보이는 음악을 반복해서 들려줌으로써 의식이 돌아오게 만든 사례가 많이 보고된다. 이는 의식이 없어도 소리를 들을 수 있고, 음악을 인지할 수 있고 음악이 전달하는 메시지를 변연계의 작동으로 해석할 수 있다는 것을 보여 준다.

모든 인지적 뇌 기능은 신경계의 기초 성분 요소인 뉴런에 의해 발생되고 전달되고 변형되는 전기 신호에 의해 이루어진다. 인간의 뇌에는 100억 개 이상의 뉴런이 있는데, 각각의 뉴런은 수백 개에서 수천 개의 다른 뉴런과 연결되어 단순한 뇌의 작용조차도 수백만 개의 뉴런이 관여하게 된다. 기억, 의식, 사고, 감정 등 다양한 신비가 숨겨진 곳은 이런 뉴런들이 연결되는 시냅스와 그 사이에서 오고 가는 전기 신호이다. 얼굴 인식이나 음악 소리의 상상, 초콜릿을 먹을 때 느껴지는 쾌감 같은 뇌의 작동은 전기적 신경 활동의 공간과 시간상의 독특한 분포에 의해 정의된다.[11] 그러니까

11 Roederer, *The Physics and Psychophysics of Music*, p. 13.

대뇌 피질의 어떤 영역에 신경 신호의 독특한 분포가 만들어지기에 환경을 인식하거나 어떤 정신적 상을 재현해 내는 것이 가능해진다. 그 패턴이 너무 복잡하기 때문에 앞으로 얼마 동안은 그러한 신경의 자세한 패턴을 실험으로 결정하거나 수학적으로 추적 가능하게 만드는 것은 어려울 것이다. 얼마 전까지는 실험 동물이나 뇌수술 중인 인간의 두뇌에 미세 전극을 꽂아 뉴런의 활동에 대한 전기 신호를 추적하는 연구를 진행하였다. 이 방법은 미세 전극을 꽂을 수 있는 공간의 협소함과 피험자에게 미치는 부담 때문에 제약이 많았으나 최근에는 EEG, MEG, fMRI, PET와 같은 비침투 측정 장치의 발전으로 두개골을 열지 않고도 뇌 속의 수백, 수천, 수만 개 뉴런의 집단적인 활동의 평균 변화를 기록할 수 있게 되었다. 이로써 살아 있는 인간의 뇌의 작동에 대한 지식이 기하급수적으로 증가하고 있다.

뇌의 작동에 대한 이해에 새로운 통찰력을 가져다주는 분야는 정보 과학(informatics)이다. 인간의 뇌는 우주에서 알려진 가장 복잡한 정보계이다. 음악적 메시지도 그러한 정보계의 처리 대상인 정보이다. 정보는 인간 사회를 현재의 모습으로 만들어 낸 핵심 요소이다. 현대뿐 아니라 인류의 시작부터 정보는 존재했다. 정보 처리 능력은 인간을 다른 동물과 차별화시킨다. 인간 진화의 후기 단계에서 정보 확산을 가능하게 해 주는 위대한 발명들, 고대의 상형문자, 구텐베르크의 인쇄술, 사진술, 녹음 기술, 무선 통신, 컴퓨터, 인터넷 등이 폭발적이고 혁명적인 발전을 이루었다. 정보는 때로는 좋고 때로는 악하고 때로는 실수로 오류를 포함하기도 하고 때로는 의도적으로 왜곡되기도 한다. 정보는 산업적·교육적·예술적·오락적 가치를 가지기에 그것을 다루고 유통시키는 일은 수십 조 원 가치의 사업이기도 하다. 정보 처리 기계는 갈수록 빨라지고 좋아지고 싸지고 작아지고 있다. 그러나 지금까지 사용된 것 중에서 가장 복잡하고 가장 정교하며 가장 탁월한 정보 처리 기계는 인간의 뇌이다. 신경이 모여 있는 신경절의 일종인 뇌의 임무는 정보 처리이다. 우리의 자의식은 과거에 관한 정보인 본능과 경험뿐 아니라 미래에 관한 정보인 욕망과 목표를 뒤섞는데, 그것은 이해할 수 없이 복잡하지만 전체로서 일관성을 가져 하나의 과정처럼 여겨진다. 우리 자아의 깨어 있음이 이 모든 복잡한 과정을 힘 안 들이고 하나로 통합해 내는 것이다.[12]

정보를 한마디로 정의하자면 미리 만들어 놓은 질문에 답하거나 어떤 예상되는 선택지(alternative) 중에서 하나를 선택하는 진술이라고 말할 수 있다. 물리학에서는 선택지들이란 종종 물리계의 가능한 상태들이고 정보는 보통 측정 결과를 기술하는 진술로 나타난다. 1940년대에 섀논(Claude Shannon)이 개발한 정보 이론은 주어진 선택지의 '참신성 가치'나 서로 다른 가능한 결과를 갖는 과

12 Roederer, *The Physics and Psychophysics of Music*, pp. 17-21.

정에서 '기대되는 평균 정보 습득', 가능한 결과의 집합에서 불확실 정도와 같은 개념들을 수학적으로 표현한다. 정보에 대한 정량적 측정에 의거하면 '예/아니요' 질문에 대한 대답이 1비트의 정보에 해당한다. 그렇지만 전통적인 정보 개념으로 생물학, 뇌 과학, 사회학, 음악에서 사용되는 정보를 다루려고 하면 문제가 생긴다. 음파에 있는 공기압의 진동, 뇌의 신경 활동, DNA 분자의 화학적 염기 등이 모두 정보를 표현하지만 그것들 자체가 정보는 아니다. 이러한 정보의 운반체들의 자체 배열 순서를 바꾸면 소음이 되거나, 무의미하게 되거나 의도된 효과나 기능을 나타낼 수 없게 된다. 또한 정보는 여러 가지 형태를 취할 수 있지만 여전히 동일한 것을 의미한다. 정보 매체가 어떤 형태를 띠느냐, 어떻게 들리느냐, 무엇으로 이루어져 있느냐가 중요한 것이 아니다. 중요한 것은 정보가 하는 일이다. 정보는 항상 목적을 가지고 있고 그 목적은 예외 없이 특정하고도 일관된 어떤 변화를 언젠가 어디선가 유발한다. 이러한 변화는 정보가 없이는 일어날 수 없고, 우연히 일어날 수도 없다.

정보의 기본적 특성은 에너지나 힘이 아니라 이러한 특정한 변화를 촉발시키는 어떤 것의 형상이나 패턴이다. 정보는 힘이나 에너지와 다르게 일관되게 반복해서 그런 일을 할 수 있다. 그렇지만 패턴이나 재료만으로는 정보라 할 수 없다. 중요한 것은 패턴과 그것에 대한 특정한 물리적 반응 사이의 독특한 인과적 관계이다. 정보 자체는 격리된 채로 존재할 수 없다.

정보는 항상 양자 사이에 전달된다. 그 양자란 원래의 패턴이 위치하거나 발생하는 원천이나 송신자와, 의도된 변화가 일어나게 되어 있는 수신자이다. 정보는 전자에서 후자로 전달되어야 한다. 특정한 변화가 일어나기 위해서는 특정한 메커니즘이 존재하고 활성화되어야 한다. 우리는 통상적으로 이러한 나중의 작용을 '정보처리'라고 부른다. 정보는 저장되고 재생될 수 있는데, 이때 원래 패턴의 형태가 유지될 수도 있고 변환될 수도 있다. 정보를 궁극적으로 알아보는 것은 의도된 결과를 통해서다. 요컨대 정보는 원천의 어떤 패턴과 수신자에서 어떤 의도된 변화 사이에 독특한 대응을 표현하는 전천후 개념이다. 이것을 정보의 실용적 측면이라고 부른다. 이렇게 정의된 정보는 생명체에서 중요한 역할을 한다. 생명체는 환경 또는 다른 생명체와 상호작용을 할 수 있는 독특한 능력을 가지고 있다. 이러한 상호작용은 정보를 주고받고 정보를 처리하는 과정을 통해 완성된다. 순수하게 물리적이고 죽어 있는 거시적 세계에서는 일들이 입자와 장 사이에 개별적인 상호작용의 결과로 힘에 의해 촉발된다. 정보는 오로지 인간과 같이 살아 있는 생물이 개입할 때 나타난다.

그런 점에서 음악은 정보임에 틀림없다. 매우 특별한 종류의 정보로서 음악은 매우 특수한 물리적 진동을 뇌에서 일어나는 매우 특수한 신경 반응과 연결시킨다. 악기에서 흘러나온 음악을 녹음기에 녹음했다고 가정해 보자. 음악은 송신자에서 수신자로 전달된 것으로 보이지만 수신자에게서 어떠한 의도된 결과가 나타나지 않는다. 녹음기는 신호를 어떤 자기적 패턴이나 이진 부호의 연속으로 저장했을지 모르지만 그것으로부터 어떤 기대된 결과가 나타나지는 않는다. 그러므로 여기에서 녹음기는 정보 차원에서 진정한 수신자라고 할 수 없다. 그렇지만 이 녹음기에 녹음된 음악을 100킬로미터 떨어져 있는 목장에서 소들에게 들려주었을 때 소들의 우유 생산량이 늘어났다면 정보가 드디어 수신자에게 도달했다고 말할 수 있다. 이러한 과정에서 녹음기는 정보를 실어 나르는 매체로서 기능을 했다고 말할 수 있다. 그러므로 음악이 정보로서 인정을 받으려면 생명체에게 수신되어서 어떠한 효과를 야기하여야 한다. 통상적으로 음악은 사람에게서 어떤 효과를 낼 것을 기대하고 만들어지고 운반된다. 사람의 청각기로 들어온 음악적 소리 신호가 신경계에 전달되어 어떤 해석 과정을 거쳐서 의미가 전달될 때 음악은 정보로서 기능을 하는 것이다.

어떤 음향학적 패턴은 아무런 신경 반응을 유발하지 않는다. 가령, 가청 주파수 영역 밖의 진동이 그러하다. 이러한 음향학적 패턴은 정보 유발 상호작용을 촉발하지 않기에 아무런 실용적 정보를 운반하지 않는다. 그러나 당신이 의미를 알고 있는 말소리를 듣거나 무엇에서 발생하는 소리인지를 알고 있는 음향을 들을 때에는 그 음향학적 패턴이 정보를 전달하게 된다. 그런데 이전에 들어 본 적이 없는데도 타고난 정보 처리 메커니즘 때문에 뇌의 고등한 수준에서 특정한 신경 반응을 유발하는 음향학적 패턴이 있다. 음악을 구성하는 주기적인 음의 중첩과 연쇄가 그런 예이다. 음악에 어떤 정보가 관련되는가를 해명하려면 음악이 인간 뇌에서 유발하는 고차원의 신경 반응 패턴을 식별하여야 한다. 이 책에서 우리는 음파를 음악이 되게 하는 음향학적 패턴에 대하여 알아볼 것이다. 그러한 패턴의 특징, 청취자의 귀와 뇌에 있는 정보 처리 체계에서 음악이 야기하는 변화, 그리고 결과적으로 발생하는 감각과 감정 사이의 연관에 대해 알아볼 것이다.

순수 미학의 영역에 있는 음악은 인간의 미에 대한 고상한 이해의 영역에 있는데, 이상의 논의와 같이 그것을 기압의 요동 안에 담겨진 건조한 정보의 효과로 끌어내리는 것에 대해 불편함을 느낄 사람도 많을 것이다. 그러나 미학적 감정조차도 신경의 정보 처리와 관련이 있는 것은 확실하다. 예술적 표현은 아마도 모든 지적 능력 중에서도 가장 인간적이라고 할 수 있다. 다시 말하면 인지 능력이나 의사소통 능력은 인간이 더 뛰어나다고 하더라도 동물에게도 있는 능력이라고 말할 수 있지만 예술적 창조성과 감상 능력은 절대적으로 인간에게만 있는 독특한 것이다. 음악은 실제로 인간 사회에서 보편적이며, 역사적·고고학적 증거들이 말해 주는 바에 따르면 아주 오래전부터 인간과 함께했다. 정보 사회의 역사가 오래된 만큼 음악 사회(music society)도 오래되었다. 정보를 다루는 인간인 호모 인포마티쿠스(*Homo informaticus*)만큼 음악을 하는 인간인 호모 무지쿠스도 오래되었다. 음악적 정보 처리는 우리 인간을 다른 동물과 구분해 주고 우리가 음악을 좋아하건 싫어하건 음악은 어디에나 있다. 음악은 인간 사회에서 수조 원 이상의 사업 영역이 되었다. 우리는 개인적 시간의 상당 부분을 음악에 할애한다. 음악은 항상 기술의 선봉에 있어 왔다. 구석기 시대의 플루트로부터 정교화된 중세의 악기를 거쳐 현대의 디지털 전자 음향 합성 장치와 재생 장치에 이르기까지 음악의 기술은 모든 문명에서 기술 혁신을 선도하거나 혁신된 기술의 빠른 반영처가 되었다. 그러므로 음악 하는 인간의 실체를 다각적으로 이해해 보려는 우리의 프로젝트는 추구할 가치가 있다. 그것을 통해 인간의 본질에 더 가까이 다가갈 수 있을 것이다.

제2장

단순음의 특성과 중첩

HOMO MUSICUS

2

단순음의 특성과 중첩

1. 우리는 어떻게 듣는가: 기저막과 신경계

사람이 어떻게 듣는지를 이해하기 위해서는 핵심적인 청각기인 달팽이관과 그 안에 있는 기저막의 작동에 대해 알아야 한다. 달팽이관은 달팽이 모양으로 감겨 있는 구슬만 한 크기의 관이다. 달팽이관은 두 층으로 구획이 나뉘어 있는데, 하나는 전정계(scala vestibuli)이고 다른 하나는 고실계(scala timpani)이다. 이 층들은 비압축성의 유체인 외림프액(perilymph)으로 채워져 있다. 두 통로는 정상 부분에서 작은 구멍에 의해 연결되어 있는 수력학적 계이다. 아래층은 탄성막인 정원창(round window)으로 밀봉되어 있다. 두 층을 나누는 구획은 삼각형의 단면을 갖는 통로로, 중간계(scala media)라고 불린다. 중간계는 다른 유체인 내림프액(endolymph)으로 채워져

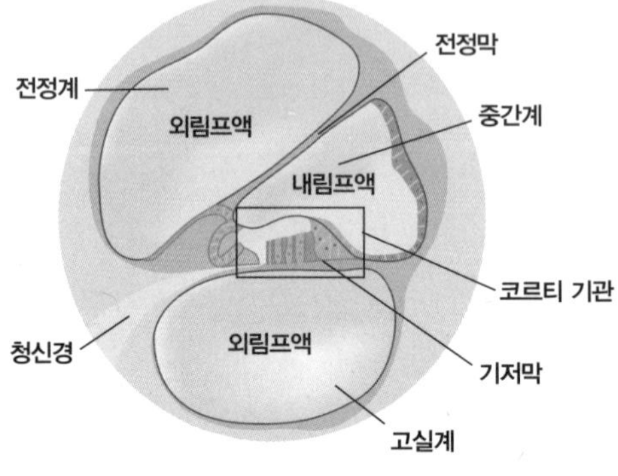

그림 2-1 달팽이관(단면)

있다. 중간계의 경계를 이루는 세 면 중 하나는 기저막으로, 여기에 감각 기관인 코르티 기관이 있다. 또 다른 면은 전정막[또는 라이스너(Reissner) 막]으로 이루어져 내림프액과 외림프액을 나누는 역할을 하고, 나머지 면은 달팽이관의 딱딱한 외벽에 해당한다.[1]

기저막의 탄성은 달팽이관의 기본적인 수력학적 특성을 결정한다. 기저막은 34mm 정도의 길이로, 달팽이관의 기부에서 정상부까지 펼쳐져 있다. 기부에서 정상부로 가면서 점진적으로 그 폭과 두께가 줄어들고 딱딱한 정도가 1만 배 감소한다. 기부에서 정상부로 가면서 나타나는 이러한 변화가 기저막에 진동수 분석 기능을 부여한다. 청소골에서 난원창으로 전달된 진동은 전정계의 외림프액의 압력 진동으로 바뀐다. 기저막을 따라서 반영되는 외

---

1 구자현, 『음악적 아름다움의 근원을 찾아서』(부산: 경성대학교출판부, 2015), pp. 43-44.

림프액의 압력 차이는 기저막을 펄럭이는 깃발처럼 운동하게 만든다. 기저막은 또한 횡 방향으로 뒤틀리는데, 이것은 16,000개의 수용체인 유모 세포를 수력학적으로 자극하는 근본적인 역할을 한다. 유모 세포는 기저막을 따라 안쪽으로 한 줄, 바깥쪽으로 세 줄이 배열되어 있다. 이 세포들은 기저막의 진동을 검출하여 그 신호를 그것과 접촉해 있는 신경 세포인 뉴런에 전달한다. 유모 세포 끝에는 작은 감지부가 내림프액 쪽으로 뻗어 있어서 그것이 휘어지면 유모 세포와 그 주변에 전기화학적 과정의 연쇄를 촉발해 청각 신경에서 전기 신호를 발생시킨다. 덮개막은 코르티 기관 위의 내림프액에 매달려 있는 젤라틴 성분의 조직으로, 그 안쪽으로 바깥쪽 유모 세포의 끝부분이 삽입되어 있어 내림프액의 진동을 유모 세포에 진달되는 것을 메개한다.[2]

파동이 외림프액을 통해 기저막에 정상적으로 전달되면 그 진폭은 특정 장소에서 최대로 증가한다. 이때 특정 장소는 입력 진동수에 의존하는데, 기저막의 기부는 높은 진동수에 반응하고 꼭대기 부위는 낮은 진동수에 반응한다. 기부에서는 특유의 빳빳함 때문에 기저막의 폭이 넓음에도 불구하고 높은 진동수에 대하여 공명을 일으킬 수 있고 정상부에서는 특유의 부드러움 때문에 기저막의 폭이 좁음에도 불구하고 낮은 진동수에 공명하기 때문이

2 Juan Roederer, *The Physics and Psychophysics of Musics: An Introduction*(London: Springer, 2008), p. 31.

다. 이렇게 해당하는 진동수의 단순음에 대하여 기저막의 특정 부분이 최대로 진동하는 현상은 기저막의 특정 구역에서만 일어난다. 그 위치는 전적으로 음의 진동수에 의존한다. 이 말은 반응하는 유모 세포와 관련된 뉴런, 즉 신경 세포가 기저막 상의 어느 위치에 있느냐가 음고의 일차적 감각을 결정한다는 뜻이다. 신경 섬유 중 어떤 그룹이 활성화되느냐에 따라 음고의 높낮이가 결정된다.

음악적으로 가장 중요한 진동수 범위인 20~4,000Hz를 담당하는 영역이 기저막 길이의 3분의 2를 차지한다. 더 넓은 4,000~16,000Hz의 진동수 범위는 남아 있는 3분의 1 영역에 할당된다. 이것은 진동수가 2배가 되어 한 옥타브 올라갈 때마다 3.5~4mm만큼 기저막의 공명 구역의 이동이 있기 때문이다. 다시 말하면 440Hz에서 880Hz로 올라가거나 5,000Hz에서 10,000Hz로 올라갈 경우에 모두 같은 간격만큼 기저막에서 공명 구역의 이동이 있는 것이다. 그러니까 일정한 배수를 곱하여 진동수가 상승할 경우에 같은 간격만큼 기저막에서의 자리 이동이 있게 된다. 그러므로 기저막의 자리를 결정하는 요소는 진동수의 차이가 아니라 진동수의 비율이다. 따라서 진동수의 로그 값들의 차이가 기저막에서 거리의 차이에 비례하게 된다. 1960년에 베케시(Georg von Békésy)가 죽은 동물에 대하여 최초로 수행한 측정에서 밝혀진 이 사실이 오늘날에 이르러서는 살아 있는 동물에게 코발트(Co) 57과 같은 방사능 원소의 미량을 기저막에 이식하고 미시 레이저 빔을

쏘아 나타나는 뫼스바우어 효과(Moessbauer effect)를 통해 확인되고 있다. 이 방법은 기저막에 있는 방사능 원소로부터 방사되는 감마선이나 거기에서 반사되는 레이저 빔이 기저막이 진동하면서 일으키는 도플러 효과로 진동수 이동이 발생하는 양을 측정함으로써 기저막의 작은 변위를 감지하는 것이다.

요컨대 내이의 달팽이관의 주된 기능은 고막이 안과 밖으로 왕복하는 시간상의 진동 패턴을 기저막을 따라 특정한 위치에서 위아래로 움직이는 공간상의 진동으로 변환하는 것이다. 이러한 공간상의 진동은 다음에는 청각 신경들의 배열 속에서 전기 신호의 분포를 통해 청각 피질에서 신경 활동의 공간상 패턴으로 변환된다.

2. 음파의 기본 특성의 감각

음악을 통해서 정보를 전달하기 위해서 정보를 실어 나를 수 있는 매체로서의 소리에는 다음과 같은 핵심 변별 요소들이 있다. 음고, 화성/협화, 윤곽/선율, 리듬/시간 처리(temporal processing) 등이 그것이다. 음고는 음의 높낮이로, 높은 음은 높은 진동수를 갖고 낮은 음은 낮은 진동수를 갖는다. 화성은 두 개 이상의 음이 연속으로 들리거나 중첩될 때 나타나는 어우러짐, 즉 협화에 대한 감각으로, 음들을 구성하는 성분 단순음들의 상호작용이 주효하다.

윤곽(contour)이란 선율 속에 나타나는 진동수 변화의 전반적인 패턴을 지칭한다. 윤곽은 이웃하는 음정들의 크기가 변할 때에도 연속되는 음 사이에서 진동수의 증가와 감소의 순서가 유지된다면 보존된다. 물론 선율이 같기 위해서는 윤곽이 보존되어야 하고 원래의 음정도 보존되어야 한다. 리듬은 연속되는 음들의 지속 시간인 음가와 휴지 간격의 고유한 배열을 지칭한다. 일반적인 악곡에서는 일정한 패턴의 반복을 통해 고유한 리듬을 각인시키고 패턴의 변형을 통해 다양성과 변화를 추구한다. 윤곽과 리듬은 음악에서 비교적 긴 지속 시간을 통해 특징이 감지되는 요소들이다.

이러한 것들을 사람이 어떻게 변별하여 정보를 처리하는지를 연구하는 데에는 어려움이 많다. 그래서 많은 연구가 동물을 대상으로 수행되었고, 동물도 깨어 있는 상태가 아니라 마취 상태에서 실험된 경우가 많다. 그리고 대부분의 신경 생리적 데이터는 단일한 뉴런이나 뉴런 집단의 신호 방출에 대한 기록에서 얻어졌지만 음악적으로 유의미한 현상들은 더 높은 수준, 즉 신경 세포의 국소적 네트워크나 분산된 네트워크에서 파악되는데, 이에 대한 데이터를 얻기는 더욱 어렵다.

물리적 음파 자체에 대한 이해가 우리의 시발점이 될 것이다. 우리가 음파를 이해하려면 먼저 가장 단순한 소리인 단순음과 연관이 있는 단조화 운동에 대해서 알아야 한다. 단조화 운동은 용수철에 매달린 물체가 진동하는 단조로운 왕복 운동이다. 일정한 속력으로 원운동 하는 물체를 비스듬히 보면 타원 운동을 하는 것으로 보인다. 더 비스듬히 보면 더 찌그러진 타원을 그리면서 돈다. 아예 원운동이 일어나는 평면에 눈을 두고 보면 물체는 직선상에서 왕복 운동 하는 것으로 보인다. 이때 물체가 보여 주는 운동이 단조화 운동 또는 단조화 진동이다. 단조화 진동을 줄여서 단진동이라고도 한다. 한 바퀴를 도는 데 걸리는 시간인 원운동의 주기가 T일 때 그것을 직선상에 투사한 운동 역시 주기 T인 단조화 운동을 한다. 또한 용수철에 수직으로 매달려 진동하는 물체의 높이를 시간의 함수로 기록해 보면 사인 곡선이 나오는데, 시간의 함수로 표현되는 단조화 운동이 같은 운동 패턴을 반복하는 시간 간격 역시 주기 T인 것을 확인할 수 있다.

특정한 위치에서 공기의 압력 변화가 사인 곡선을 그린다면 이때 특정 위치에서 들리는 소리를 단순음(pure tone, simple tone)이라고 한다. 소리굽쇠나 사이렌의 소리로 대표되는 가장 단조로운 소리이다. 일반적인 악기에서는 단순음이 잘 나오지 않는다. 일반적인 악기의 소리는 단순음이 혼합되어 있는 복합음이다. 단순음에 가장 가까운 소리를 내는 악기는 플루트나 파이프 오르간이다. 단순음을 특징짓는 특성은 세 가지가 있다. 하나는 앞서 언급한 주기이고, 다른 하나는 진폭이고 다른 하나는 위상이다. 단위 시간당 진동하는 횟수를 진동수라고 하는데, 1초에 1회 진동하는 진동수를 1헤르츠라 하고 1Hz라고 적는다. 주기 T와 진동수 f는 서로 역

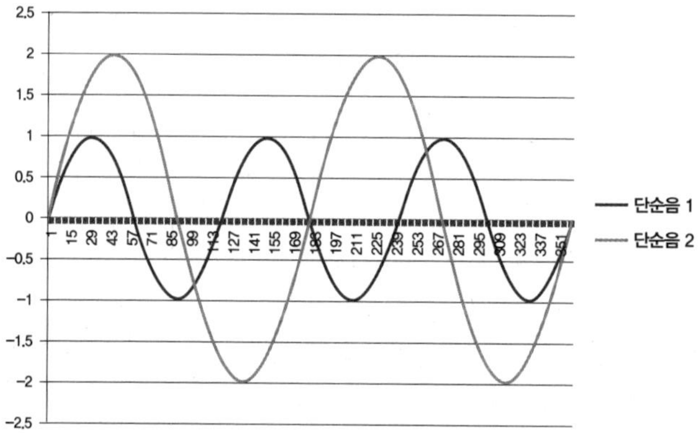

그림 2-2 단순음의 진폭과 진동수 비교

수의 관계에 있어서 $T = \frac{1}{f}$ 이라고 표현된다. 〈그림 2-2〉의 두 개의 사인 곡선에서 단순음 1은 0초부터 360초 사이에 세 번 진동하는 패턴을 반복했고, 단순음 2는 0초에서 360초 사이에 두 번 진동하는 패턴을 반복했다. 이 사인 곡선들의 경우에 단순음 1은 3번/360초=1/120Hz, 단순음 2는 2번/360초=1/180Hz의 진동수를 갖는다. 주기로 말하면 단순음 1은 120초의 주기를 갖고, 단순음 2는 180초의 주기를 갖는다. 진폭을 비교해 보면 단순음 1은 단순음 2에 비하여 진동의 폭이 절반임을 알 수 있다. 단순음 1의 진폭은 1이고, 단순음 2의 진폭은 2이다. 소리의 경우에 이 진폭은 압력 진폭에 해당한다. 압력이 통상적인 기압보다 높아지거나 낮아지는 변화량을 말한다. 소리의 전달은 곧 기압이 미세하게 높아졌다 낮아졌다 반복하면서 퍼져 나가는 방식을 취하므로 단순음

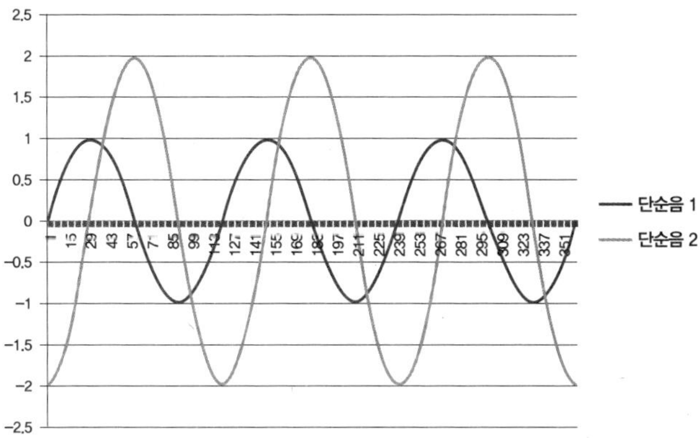

그림 2-3 단순음의 진폭과 위상 비교

의 경우에 특정한 위치에서의 압력 변화는 진폭만큼 높아졌다가 진폭만큼 낮아지기를 반복하는 방식으로 주기적으로 일어난다.

〈그림 2-3〉을 보면 두 사인 곡선이 주기(진동수)는 같은데 진폭과 위상이 다르다. 단순음 1과 단순음 2의 진폭이 각각 1과 2인 것은 〈그림 2-2〉의 경우와 같다. 반면에 〈그림 2-3〉에서 두 곡선이 최고점에 도달하는 시각이 일정하게 30초만큼 차이가 나는 것을 확인할 수 있다. 이러한 시간의 차이를 위상차라고 한다. 30초는 두 곡선의 주기가 120초인 것을 감안하면 1/4주기에 해당하고, 각도로 말하면 한 바퀴가 360°인 점을 감안하면 한 바퀴의 1/4인 90°에 해당한다. 그러므로 단순음 2는 단순음 1에 비하여 90° 뒤처져 있다고 하고 두 곡선의 위상차는 90°, 다른 말로 하면 각도를 호도법(radian)으로 표현하여 $\frac{\pi}{4}$의 위상차를 갖는다고 말한다.

단순음에서 진동수는 음고를 결정하고 진폭은 음량을 결정한다. 즉, 진동수가 클수록 음고는 높아지고 진폭이 클수록 음량은 커진다. 위상은 두 개의 사인파가 함께 있을 때 의미가 있기 때문에 단순음의 소리에는 영향을 미치지 않는다. 통상적으로 사람의 귀로 들을 수 있는 가청 주파수는 넓게 잡아서 16~20,000Hz에 해당하므로 우리는 1초 동안에 압력 변화가 열여섯 번에서 2만 번 일어나는 소리를 듣게 되는 것이다.

전자 진동자를 이용하면 단순음을 쉽게 만들어 낼 수 있고 그 단순음들을 섞어서 복합음을 쉽게 만들어 낼 수 있다. 단순음을 듣다가 진동수와 진폭을 변화시키면 각각 음고와 세기가 변하는 것을 확인할 수 있다. 이것은 인터넷에서 무료로 배포되는 Soundwave 프로그램을 구해서 쉽게 실험해 볼 수 있다.

고막이 주기적 진동에 들어가면 역학적 진동은 내이에서 전기적 신경 신호로 변환된 후 뇌로 전달되어 진동의 주기와 진폭이 어떤 범위 안에 있으면 소리로 해석된다. 귀는 엄청나게 민감한 기관이어서 고막은 10^{-7}cm 정도의 작은 진동 진폭도 감지할 수 있다. 보통 사람은 20~15,000Hz의 범위에 있는 압력 진동을 감지할 수 있는데, 소리의 세기가 클수록 들을 수 있는 폭은 늘어나지만 나이가 들어가면서 그 범위는 줄어든다.

엄밀히 말해서 악음과 비악음을 나누는 기준을 제시하기는 어렵다. 신경 생리학은 인간을 대상으로 실험하기가 어려워서 인간이 아닌 동물을 대상으로 실시된 것이 대부분이다. 신경 생리학의 한 분야로서 청각 생리학은 인간과 유사한 동물들이 소리를 어떻게 처리하는지를 탐구한다. 최근에는 뇌를 스캔하는 기술이 발전하면서 깨어 있는 뇌의 행동을 관찰할 수 있는 길이 열렸다. 자기뇌파검사(MEG)가 청각 피질의 활동을 집중적으로 연구하기 위해 널리 사용되고 있다. 전기뇌파검사(EEG)도 많이 사용되는데, 정확한 공간적·시간적 해상도를 갖고 있지는 못해서 자극에 대하여 청각 반응이 일어나는 정확한 위치와 시간을 잴 수는 없다. MEG든 EEG든 미세 전극을 뇌에 삽입하여 뉴런에 자극을 가하고 그 반응을 감지하게 되는데, 뉴런의 개별적 반응이든 집단적 반응이든 뇌의 활동을 드러내는 중요한 정보를 제공한다. 야기된 퍼텐셜은 반응에 대한 믿을 만한 측정값들을 제공한다. 이를 통해 뇌의 어느 부위가 어떤 기능을 담당하는지가 드러나기 시작했다. 지금은 단일 뉴런이 아니라 뉴런 집단의 행동을 관측하기 위한 기술이 개발되고 있다. 이러한 기술은 뉴런 하나의 행동으로 설명할 수 없었던 지각 과정을 해명하는 데 도움을 줄 것으로 기대된다.

뉴런의 신호 방출(discharge)이 기능 분석의 기초가 되므로 우리는 뉴런의 수용장(RF: receptive field)에 대해 이해할 필요가 있다. 수용장은 조사하려는 뉴런의 신호 방출을 수정하는 주변 감각 자극의 집합으로 정의된다. 뉴런은 흥분 수용장과 억제 수용장을 가질 수 있다. 가령, 1만 헤르츠의 소리에 가장 잘 반응하는 청각 피질의 뉴런은 그런 소리에 가장 잘 반응하지만 그 근처의 높거나 낮은 진동수의 소리에 대해서는 별 반응을 보이지 않는다. 그래서 어떤 신경 세포를 흥분시키는 문턱 진동수를 특성 진동수(CF: characteristic frequency)라고 부른다. 이러한 뉴런의 진동수 동조(frequency tuning)는 진동수뿐 아니라 세기에도 영향을 받는다. 소리의 세기가 커지면 기존에 반응하던 뉴런뿐 아니라 이웃의 낮은 진동수나 높은 진동수에 반응하던 뉴런도 함께 반응한다. 이렇게 진동수 동조는 세기가 커질수록 그 범위가 넓어진다. 가령, 20데시벨의 음량에서 1만 헤르츠의 진동수를 특성 진동수로 갖는 뉴런이 반응하는 소리의 음량을 키워 90데시벨로 올리면 5천 헤르츠에서 2만 헤르츠에 해당하는 특성 진동수를 갖는 뉴런들도 같이 반응한다.

달팽이관의 섬유들의 반응 패턴도 이와 비슷하다. 1만 헤르츠에서 특성 진동수를 갖는 섬유는 20데시벨에서 1만 헤르츠의 소리가 들어오면 반응을 보이지만 그 근처의 다른 섬유들은 반응을 보이지 않는다. 그렇지만 세기가 80데시벨로 올라가면 7천 헤르츠에서 1만 1천 헤르츠에 달하는 특성 진동수를 갖는 섬유들도 같이 반응을 보인다. 이렇게 반응 영역(response area)이 확장되는 정도는 대칭적이지 않아서 소리의 세기가 커짐에 따라 낮은 진동수의 영역으로는 빠르게 확장되지만 높은 진동수의 영역으로는 서서히 확장된다.

어떤 신경 세포에서 주어진 세기에서 가장 강한 반응을 일으키는 진동수를 '최선 진동수'(best frequency)라고 한다. 문턱에서 최선 진동수와 특성 진동수는 일치한다. 개별 뉴런은 진동수의 변이에 민감하다. 진동수 변조(FM: frequency modulation)는 진동수가 매끄럽게 변하는 것인데 뉴런은 이러한 변화된 자극에 민감하다. 또 다른 소리의 변이는 진폭 변조(AM: amplitude modulation)이다. 진폭이 매끄럽게 변하는 진폭 변조에 대하여 뉴런은 변화된 자극을 감지할 수 있는 능력이 있어서 반응 정도의 차이로 식별 능력을 나타낸다.

이렇게 물리적 청각 자극에 대한 반응은 그 자극의 물리적 변수들의 함수일 뿐 아니라 시험체가 선택적 주의 집중을 하고 있었는지 여부에 크게 의존한다. 가령, 원숭이를 대상으로 실시한 실험에서 원숭이가 집중하여 어떤 소리를 들었을 때 신경 세포가 보인 신호 방출 반응은 집중하지 않았을 때 동일한 자극에 대하여 보인 신호 방출 반응을 크게 상회하는 것으로 나타났다. 우리가 음악을 들을 때 주의 깊게 듣는 경우와 건성으로 듣는 경우에 심리적 반응이 크게 달라질 수 있는 이유가 이렇게 설명된다.

사람이 미세한 진동수의 차이를 식별할 수 있는 능력은 어디까지이며 또한 어디에서 비롯되는지에 대하여 사람들은 오랫동안 궁금해 왔다. 두 음 사이의 진동수 차이가 작을 때 그것이 어떤 한계에 다다르면 두 음은 같은 음고를 갖는 것으로 판단된다. 이것은 어떤 크기에 대한 심리적 판단에 어디에서나 적용되는 규칙이다. 원래의 물리적 자극의 변이가 어떤 임계값 이내에 있으면 관련된 감각은 변화가 없다고 판단한다. 이 임계값을 식별역(DL: difference limen)

이라고 부른다. 자극의 변이가 식별역을 넘자마자 감각상의 변화가 감지된다. 식별역은 물리적 크기(자극)에 관계되고 수로 표현된다.

진동수 변화에 대한 1차 음고 지각 메커니즘의 민감도, 즉 진동수 식별 능력은 음의 진동수와 세기와 지속 시간 및 음 변화의 급작성에 의존한다. 물론 이 감각은 사람마다 큰 차이를 보이는데 훈련에 따라 개선되기도 한다. 어떻게 측정하느냐에 따라서도 큰 편차를 보인다. 가령 2,000Hz의 음에서 10Hz의 변화가 일어나면 통상적으로 변화가 감지될 수 있다. 이것은 불과 0.5%의 변화로 반음의 몇 분의 1에 이르는 작은 음고의 변화이다. 진동수가 급작스럽게 변하면 훨씬 더 작은 변화가 감지되기도 한다. 진동수가 낮아지면 차이 식별 민감도는 떨어져 100Hz에서는 3%에 이른다. 음의 지속 시간이 0.1초 정도로 감소하면 민감도는 더 떨어진다. 반면에 이 민감도는 진폭에는 별로 영향을 받지 않는다.

3.
단순음의 중첩:
1차 맥놀이

단순음은 단순한 파형에서 단조로운 소리를 낸다. 두 개의 단순음이 중첩되면 좀 더 생동감 있는 소리가 발생할 수 있다. 이러한 중첩 효과는 어디에서 중첩이 발생하느냐에 따라 두 가지로 나눌 수 있다. 그 중첩이 역학적이라면 청취자의 청각계의 바깥쪽,

즉 달팽이관과 기저막에서 중첩이 발생한다. 이를 1차 중첩 효과라고 하는데, 심리 음향학적 실험에 의해 쉽게 접근이 가능하고 명쾌하게 식별할 수 있다. 2차 중첩 효과는 청각계의 안쪽, 즉 신경 작용의 결과로, 1차 중첩 효과에 비해 명쾌하게 검출하거나 기술하고 측정하기가 더 어렵다. 그러므로 여기서 우리는 1차 중첩 효과에 집중해서 논의해 보자.

소리 중첩의 물리적 의미는 무엇일까? 고막은 외이도에 있는 공기의 압력 변화에 의해 안과 밖으로 움직인다. 고막이 일정한 진동수와 진폭을 갖는 순수한 조화 진동을 한다면, 우리는 어떤 음고와 음량의 단순음을 듣게 된다. 이제 다른 진동수의 두 단순음이 독립적인 두 음원에서 발생하여 함께 울리면, 고막은 동시에 두 음원의 에너지 발생에 반응하여 복합적인 행동을 하게 된다. 이때 양쪽의 음원에 대한 반응은 서로의 음원에 대하여 서로를 방해하지 않고 독립적으로 일어나서, 결과적으로 각각의 단순음이 홀로 존재할 때 일으킬 개별 운동의 합으로 나타난다. 매질에서 일어나는 이러한 운동은 고막에서도 동일한 방식으로 일어나고 청소골을 동일한 방식으로 진동시킨다. 이러한 효과를 두 진동의 선형 중첩(linear superposition)이라고 부른다. 이는 평화로운 공존이라고 부를 수 있는 것으로, 하나의 진동이 다른 진동을 방해하지 않아 각 성분의 지배에 동시에 따르는 상황이라고 할 수 있다. 비선형 중첩은 하나의 성분의 지배력이 다른 성분의 지배력에 교란을 일으키는 상황에 해당한다.

논의를 단순화하기 위하여 동일한 진동수와 위상을 갖는 두 단조화 운동의 중첩을 우선 분석해 보자. 이때 진폭은 두 성분 진동 진폭의 단순한 합으로 나타난다**그림 2-4**. 두 성분 진동이 같은 진동수를 갖지만 위상이 다를 경우에는 여전히 중첩은 같은 진동수의 단조화 운동으로 나타난다**그림 2-5**. 특히 성분 진동의 진폭이 동일하고 위상차가 180°이면 두 진동은 서로를 소멸시켜서 아무런 진동이 없게 만들어 소리가 사라지게 된다. 이를 소멸 간섭이라고 부르는데, 이는 실내 음향학에서 매우 중요한 역할을 한다. 일반적으로 진폭, 진동수, 위상이 다른 두 성분파가 합성되었을 때 합성파는 좀 더 복잡한 모양을 갖지만 역시 규칙적인 패턴을 보인다**그림 2-6**. 요컨대, 같은 진동수의 두 단순음이 고막에 이르면 우리는 단지 주어진 음고와 일정한 음량의 단일한 음을 인지하게 된다. 이때 음량은 중첩된 음의 진폭과 위상차에 의해 결정된다.

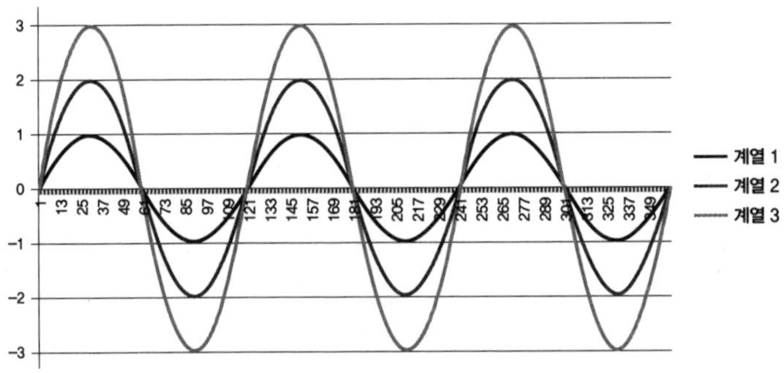

그림 2-4 두 성분파(계열 1, 2)의 진동수와 위상이 같을 때의 합성파(계열 3)

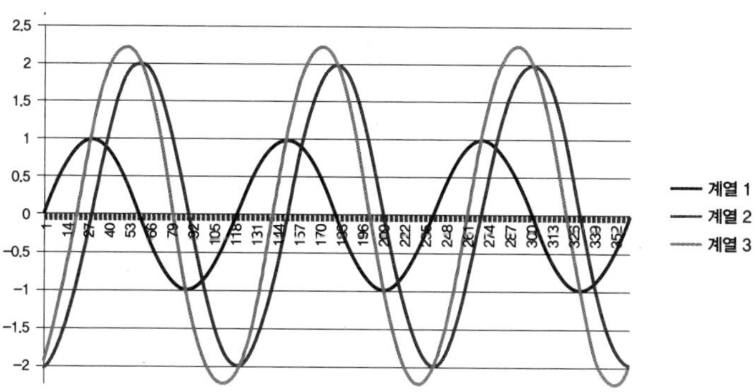

그림 2-5 두 성분파(계열 1, 2)의 진동수는 같으나 위상이 다를 때의 합성파(계열 3)

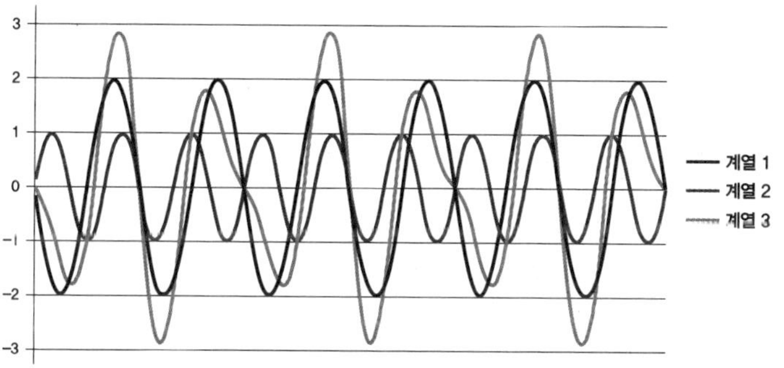

그림 2-6 두 성분파(계열 1, 2)의 진동수, 진폭, 위상이 모두 다를 때의 합성파(계열 3)

이제 진폭은 같지만 진동수가 약간 다른 두 단순음의 중첩에 대해 생각해 보자. 두 진동수를 f_1 , f_2($f_1 > f_2$라고 하자)라고 할 때, 진동수 차이($f_1 - f_2$)가 크지 않다고 해 보자. 고막의 진동 패턴은 각 성분음의 패턴의 합으로 주어질 것이다. 중첩의 결과는 〈그림 2-7〉과 같다.

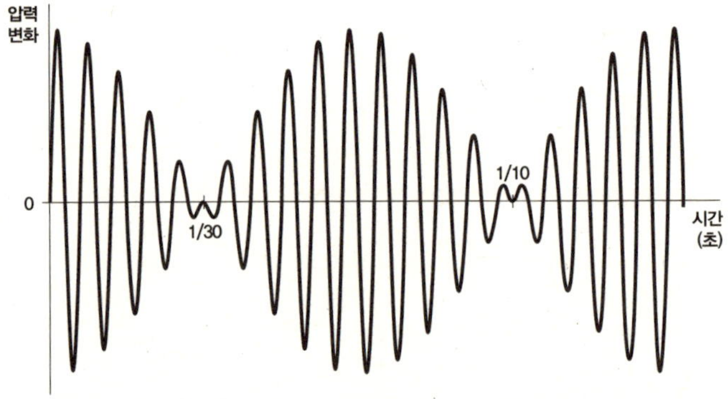

그림 2-7 진폭이 같고 위상차가 없는 두 단숨음의 진동수가 f_1=307.5Hz, f_2=292.5Hz일 때의 맥놀이

이 그래프는 f_1=307.5Hz, f_2=292.5Hz이고 진폭은 같고 위상차가 0일 때 나타나는 합성파의 모양이다. 두 진동수의 차이는 15Hz이다. 합성파는 두 진동수의 평균값인 $\frac{f_1+f_2}{2}$, 즉 300Hz로 진동하는데, 그 진폭이 고정되어 있지 않고 진폭 변조를 보인다. 이 진폭 변조의 진동수는 f_1-f_2, 즉 15Hz이다. 이렇게 합성 음파의 세기가 진동하는 현상을 맥놀이(beat)라고 하는데, 그 진동수가 15Hz여서 1초에 15번 소리가 강해졌다 약해졌다를 반복한다. 고막은 합성파의 곡선을 따라서 진동한다. 고막은 이 합성파의 진동이 두 진동의 합인 것을 알지 못하고 그것에 신경을 쓰지도 않는다. 고막은 그저 진폭이 변하는 하나의 진동을 할 뿐이다. 그러나 달팽이관의 기저막 상의 공명은 두 진동수 위치에서 일어난다. 그것은 달팽이관이 합성파의 진동에 반응하는 것이 아니라 액체

의 진동에서 단순음, 즉 사인파에 해당하는 파동의 진동수를 감지해 내기 때문이다. 만약 두 사인파의 진동수가 크게 차이가 난다면 기저막의 공명 부위는 많이 떨어져 있게 되고, 사람은 해당 진동수를 갖는 일정한 음량의 단순음 두 개를 듣게 된다. 이렇게 복합된 소리를 달팽이관이 분해하여 각각을 듣는 능력을 진동수 식별(frequency discrimination)이라고 한다. 그런데 진동수가 일정한 범위보다 근접해 있다면 공명 구역이 겹치면서 두 음고의 평균값에 해당하는 음고를 가지며 음량이 변하는 맥놀이가 들리게 된다. 이 경우에 기저막의 겹치는 공명 구역은 본질적으로 고막의 진동과 동일하게 복잡한 진동을 하게 된다. 진동 패턴의 진폭 변조는 인지된 음량 변조를 일으킨다. 이러한 현상을 '1차 맥놀이'라고 부르는데, 이것이 음악가들에게 잘 알려져 있는 통상적인 맥놀이이다.

맥놀이는 10Hz 이하에서 매우 명쾌하게 인지된다. 진동수 차이가 15Hz 정도 되면 맥놀이 감각은 사라지고 불쾌감 또는 불협화를 일으킨다. 그러다가 진동수 차이가 진동수 식별 한계를 넘어서면 우리는 갑자기 f_1과 f_2에 해당하는 음고를 갖는 두 개의 분리된 소리를 듣게 된다. 그 순간에 기저막의 두 공명 구역은 서로 충분히 분리되어 두 개의 개별적인 음고 신호를 일으킨다. 그러나 그 한계에서 불쾌감은 여전히 지속된다. 특히 낮은 음고 영역에서는 불협화가 확실하다. 임계 대역(CB: critical band)이라고 불리는 더 큰 진동수 차이를 넘어섰을 때에야 불쾌감은 사라지고 두 단순음은 매끄럽고 유쾌하게 들린다. 진동수 차이가 변하면서 불쾌에서 유쾌로 전이가 일어날 때 그 변화는 실제로는 매우 점진적으로 일어난다. 여기에서 정의된 임계 대역은 이 전이가 발생하는 근사적인 위치를 나타낸다. 이 결과들은 두 대의 전자 사인파 발생기를 사용하여 가변 진동수를 갖는 사인파를 발생시키고 결합시켜서 헤드폰으로 각각의 귀에 들려줌으로써 확인될 수 있다. 정확하게는 아니더라도 악기를 사용해 이러한 사실을 확인할 수 있다. 플루트 연주자 한 명에게 정해진 음을 정확하게 내게 하고 다른 한 명에게는 마우스피스를 약간 빼거나 들이밀어서 정해진 음에서 약간 벗어나게 음을 내게 하면 맥놀이를 들을 수 있다. 벗어나는 정도를 커지게 함으로써 맥놀이를 빨라지게 할 수 있고 그때에 불협화가 커지는 것을 감지할 수 있으며, 진동수의 차이를 더 크게 하여 임계 대역을 벗어나게 함으로써 두 음이 분리되어 들리는 상태를 유발할 수 있다.[3]

음고 식별과 임계 대역의 한계는 평균 진동수 $\frac{f_1+f_2}{2}$에 강하게 의존하지만 진폭에는 상대적으로 덜 의존적이다. 물론 여기에서 개인차 또한 크다. 단순음의 경우에는 2,000Hz 근처의 음이 서로 구분되어 식별되려면 적어도 200Hz는 떨어져 있어야 하고, 매끄럽게 즉 협화적으로 들리기 위해서는 300Hz 이상 떨어져 있어야 한다. 음고 식별의 한계는 반음보다 커야 한다. 일반적인 악기

3 Roederer, *The Physics and Psychophysics of Music*, p. 38.

소리의 경우에는 이보다 작은 음고의 차이에 대해서도 식별이 가능하다. 매우 높은 음의 경우와 매우 낮은 음의 경우에는 온음보다 작은 음정은 식별 한계를 벗어난다.

진동수가 다른 두 음을 다른 음으로 식별하는 한계값은 진동수 차이를 감지할 수 있는 민감도의 한계인 식별역(DL: difference limen)의 30배에 이른다. 다시 말해서 우리는 하나의 단순음의 미세한 진동수 변화는 쉽게 감지할 수 있지만 두 개의 단순음이 동시에 울릴 때 각 성분을 분리해서 듣는 데에는 더 큰 차이를 요구한다.

이러한 결과들은 우리의 청각에 대해서 무엇을 함축하는가? 음의 식별의 유한한 한계가 존재한다는 것은 단순음에 대응하는 기저막의 활성 영역이 공간상으로 유한한 범위를 가짐을 의미한다. 그렇지 않고 단순음에 대응하는 기저막의 활성 영역이 아주 좁은 한 점으로 제한된다면, 중첩되는 두 음이 진동수가 서로 다르기만 하다면 아무리 그 차이가 작더라도 맥놀이는 발생하지 않고 항상 분리된 두 음으로 들리게 된다. 식별 한계를 넘어서도 불협화의 감각이 지속된다는 것은 두 활성 영역이 여전히 어느 정도 겹쳐서 상호작용하고 있다는 의미이다. 이러한 상호작용은 진동수 차이가 임계 대역을 넘어서야 사라지게 된다.

이러한 사실을 잘 보여 주는 실험이 있다. 양쪽 귀에 각기 다른 진동수의 소리를 들려줄 때에는 1차 맥놀이나 불협화의 감각이 동시에 사라지고 두 음의 진동수 차이가 식별 한계 이내에 있어도 두 음이 식별된다. 두 음의 결합음은 항상 협화적으로 들린다. 두 소리를 한쪽 귀에 입력해 주는 순간에 맥놀이나 불협화는 즉시 회복된다. 양쪽 귀에 소리를 들려줄 때에는 달팽이관 안에 겹치는 신호에 대하여 각각의 기저막에 단 하나씩 활성 영역이 있으므로 1차 맥놀이나 불협화는 발생하지 않는다. 하나의 진동수를 갖는 하나의 단순음에 의해 기저막이 활성화되는 구역이 공간적으로 퍼져 일정한 구역을 점유하고 있는데도 어떻게 우리는 그 진동수의 범위만큼 퍼져 있는 음고의 범위를 감지하지 않고 하나의 음고만을 들을 수 있는 것인가? 거기에는 초점화에 의해 일정 범위 안에 들어온 자극이 훨씬 더 제한된 해당 뉴런만을 활성화시키는 작용이 있기 때문이다.

맥놀이는 음악에서 중요한 역할을 한다. 맥놀이가 일어나면 음악적 상황과 맥놀이 진동수에 따라 뇌에서는 불쾌감이나 불안감부터 쾌감이나 안도감까지 다양한 감각을 일으킨다. 반주하는 악기가 진동수가 약간 어긋나서 내는 불쾌한 소리는 맥놀이 때문에 생긴다. 초보자로 이루어진 악단의 악기들이 음이 맞지 않아서 내는 불쾌한 소리는 맥놀이가 유발하는 바가 크다. 음악가들은 악기를 조율할 때 음고가 동일한 동음(unison)을 만들어 내기 위해 두 음이 일으키는 맥놀이의 진동수를 줄여 나가는 방식을 널리 활용한다. 두 악기가 내는 소리의 진동수가 완전히 일치할 때 맥놀이는 사라지게 된다.

실습

마이크로소프트 엑셀을 이용해서 맥놀이의 파형을 그려 보자.

실습 개요: 맥놀이는 진동수가 약간 다른 두 개의 음파가 중첩되어 나타나는 현상이다. 즉 진폭이 같고 진동수가 약간 다르고 위상차가 0인 두 사인 곡선이 중첩되어 나타나는 곡선의 모양을 그려 보자. 이 방법을 터득하면 어떤 형태의 합성파의 모양도 사인파의 합으로 얻어진다는 푸리에 정리를 확인할 수 있다. 원하는 대로 사인 곡선의 진폭, 진동수, 위상을 바꾸어 보면서 합성파의 모양이 어떻게 달라지는지 탐구할 수 있다. f_1=315, f_2=285인 경우에서 시작하자.

준비물: 개인용 컴퓨터, 엑셀 프로그램(대부분의 컴퓨터를 구입할 때 '마이크로소프트 오피스'(Microsoft Office)라는 번들 속에 마이크로소프트 엑셀 프로그램이 들어 있다.)

실습 방법

1. 엑셀 프로그램을 실행시키면 다음과 같은 화면을 볼 수 있다. 주된 화면은 여러 개의 직사각형으로 나눠어 있는데 그 하나하나를 셀이라고 부르고, 세로줄(열)은 A, B, C, D …로 명명되어 있고, 가로줄(행)은 1, 2, 3, 4 …로 명명되어 있다. 그리하여 셀 하나하나의 고유한 위치를 열과 행의 번호에 따라 A2, B3, C30 … 등으로 지정할 수 있다.

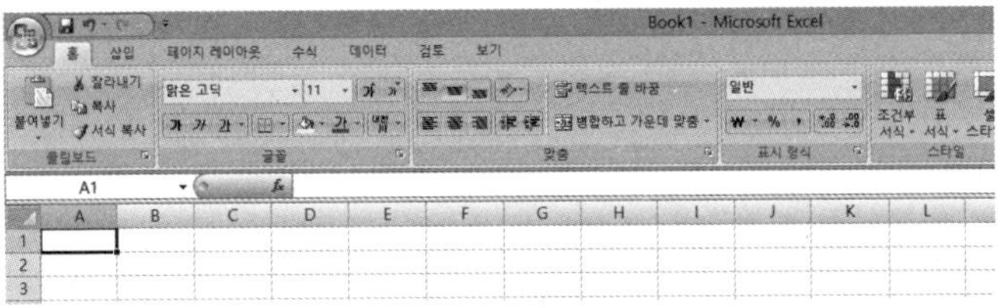

2. 곡선을 3만 분의 1초 간격으로 3만 분의 2000초, 즉 1/15초까지 그리기로 하고 A열에 1부터 2000까지의 수를 써넣는다. 수를 써넣을 때에는 위

의 그림에 굵은 네모로 나와 있는 A1셀에 1을 쓴 후에 A2셀에 2를 쓴다. 그러면 A2셀 오른쪽 아래 구석에 검은 정사각형이 형성되는 것을 볼 수 있는데, 그것을 왼쪽 마우스 클릭하고 A3셀까지 당기면 팝업 창이 형성된다. 팝업 창에서 [연속 데이터 채우기]를 누르면 A3셀에 3이 자동 입력된다. 같은 요령으로 나머지 A4셀부터 A2000셀까지 마우스 왼쪽 버튼을 누른 채로 포인터로 긁어 내린 후 [연속 데이터 채우기]를 하면 1~2000까지 쉽게 채울 수 있다.

3. 두 개의 사인 곡선의 식은 $\Delta p_1 = \sin 2\pi f_1 t$, $\Delta p_2 = \sin 2\pi f_2 t$인데 f_1=315, f_2=285이다. 그러므로 2개의 식의 계산값을 B열과 C열에 생성시킬 것이다. 이를 위해 B1, C1에만 식을 써넣고 자동 채우기 기능을 쓰면 각각 2000개의 데이터에 대한 해를 얻을 수 있다. B1셀에는 '=SIN(2*3.14159*315*A1/30000)'이라고 써넣고 엔터를 친다. '=SIN( )'는 괄호 안의 값을 넣어 사인 값을 구하라는 명령이고 *는 ×을 의미한다. Δp_1 식을 쳐 넣은 것이다. A1셀에는 이미 '1'을 써넣었으므로 엑셀은 sin(2π×315×(1/30000))을 계산해서 '0.0659255'라는 값을 아래 그림처럼 B1셀에 형성시킨다. 그림의 오른쪽 위를 보면 f_x라고 쓴 곳의 오른쪽 칸에 내가 쳐서 넣은 식이 나온다. 엑셀은 소문자와 대문자를 구분하지 않으니 신경 쓰지 않아도 된다.

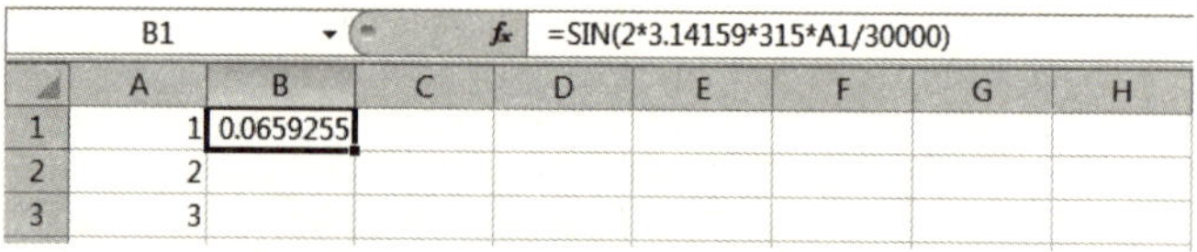

4. B1셀을 마우스로 클릭하면 그림처럼 굵은 테두리 오른쪽 아래에 작은 정사각형이 생긴다. 그것에 마우스 포인터를 놓고 마우스 왼쪽 단추를 누른 상태에서 포인터를 아래쪽으로 잡아당겨 B2000셀까지 내린 후에 손가락을 떼면 3만 분의 2000초까지 계산한 값이 B2000셀까지 채워져서 나타난다.

5. C1셀에 '=SIN(2*3.14159*285*A1/30000)'이라고 써넣고 엔터를 친다. Δp_2 식을 쳐 넣은 것이다. 4의 과정을 C1셀부터 C2000셀까지 실시한다.

6. 이제 마지막으로 $\Delta p_1 + \Delta p_2$를 계산할 차례이다. 앞에서 구한 두 개의 사인 곡선을 합성해야 하는데, 이는 같은 시점의 두 개의 함숫값을 산술적으로 더하는 것이므로 D1셀에 '=b1+c1'이라고 쓰고 엔터를 치면 B1셀과 C1셀에 있는 두 수가 더해진 값이 D1셀에 나타난다. 다시 다른 시각의 값들에 대한 자동 계산을 4의 과정과 같이 실시하여 D2000셀까지 채워 넣는다.

이렇게 해서 모든 계산이 끝났다. 이제 그래프를 그릴 차례이다.

7. 그래프를 그리기 위해서 구한 데이터를 모두 입력해야 한다. 이를 위해 B열에서 D열까지 3×2000개의 셀에 있는 데이터를 모두 선택하여 입력해야 한다. 그러면 세 개의 곡선이 나타날 것이다. 마지막 계열 3 곡선이 당연히 우리가 구하려는 합성파의 파형이다(계열 3 곡선만 얻으려면 그 데이터만 선택하면 된다). 데이터를 선택하는 방법은 단순하다. 주 화면 위쪽에 있는 B, C, D, E, F …라고 표시된 행의 머리 표시를 찾고, 마우스 포인터를 B(B1셀 바로 위에 있는 B)에 놓은 후에 마우스 왼쪽 단추를 클릭하고 당겨서 C, D까지 선택하면 B, C, D열 전체가 굵은 선 안에 들어온다. 다음에 상단의 [삽입] 탭을 포인터로 가리킨 후에 마우스 왼쪽 단추를 클릭하고 차트 중 [꺾은선형]을 클릭한 다음 첫 번째 꺾은 선 유형을 선택한다. 그러면 원하는 그래프 세 개가 페이지에 나타난다. 작아서 잘 안 보이면 확대하면 된다. 그림의 네 귀퉁이 중 하나에 마우스 포인터를 놓은 후에 클릭하여 누른 상태에서 비스듬히 그림 바깥쪽으로 당기면 원하는 방향으로 그림을 키울 수 있다. 그 결과가 아래와 같다. 원래의 두 개의 사인 곡선이 계열 1과 계열 2로 나타나고 합성된 사인 곡선이 계열 3으로 나타난다. 키보드에서 [프린트 스크린](Print Screen) 단추를 누르고 [그림판]을 불러 Ctrl 키와 V 키

를 함께 눌러 그림을 붙인 후 원하는 크기로 잘라 저장해 두자. 이제는 엑셀에서 자기가 원하는 대로 진폭, 진동수, 위상을 변형시켜 다양한 파형을 얻어 보자.

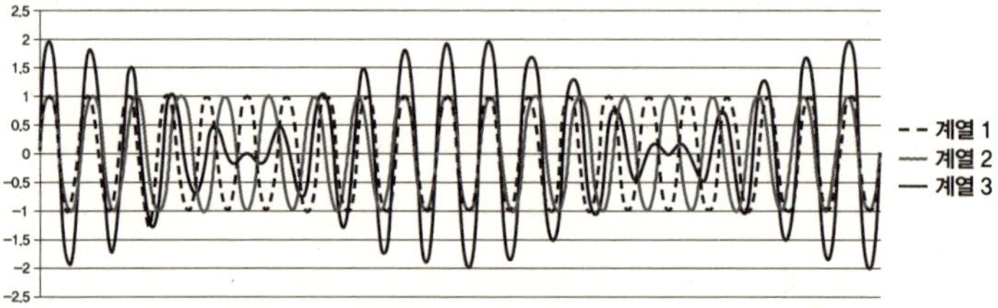

임계 대역(CB)도 음악의 인식에 중요한 역할을 한다. 임계 대역의 진동수 범위는 소리의 진폭, 즉 음량에 거의 의존하지 않는다는 실험적 사실로부터 그것이 달팽이관 안의 액체에 형성되는 파동의 형태보다는 기저막의 감각 기관의 구조에 존재하는 본유적인 특성에 관계된다는 것을 추론할 수 있다. 임계 대역은 기저막 위에서 대략 1.2mm의 공간상 범위를 일정하게 차지하고 있다. 임계 대역 내의 진동수들은 기저막 상의 어느 위치에서 받아들여지든 기저막 전체의 16,000개의 수용체 세포 중에서 일정하게 1,300개의 수용체 세포에 의해 수용된다. 임계 대역 안에 있는 진동수 차이를 갖는 두 단순음에 의한 청각 자극은 진동수 차이가 임계 대역 밖에 있는 두 단순음에 의한 청각 자극과는 상당히 다른 주관적 감각을 일으킨다. 전자가 불협화로 거친 느낌을 주는 것과는 대조적으로

후자는 협화로 매끄러운 느낌을 준다. 그것은 음의 특성을 지각하는 데 중요한 역할을 하고 음정의 협화음과 불협화음 이론의 기초를 제공한다.

4.
조합음

지금까지 우리는 진동수의 차이가 그렇게 크지 않은 단순음의 중첩 효과에 대하여 논의했다. 두 음의 진동수 차이가 임계 대역을 넘어설 정도로 클 경우에는 어떤 일이 생길까? 그 효과가 귀에서 기인하느냐, 신경계에서 기인하느냐에 따라 두 범주로 나눌 수 있다. 먼저 첫 번째 범주인 조합음(combination tone)의 개념에 대하여 알아보자. 조합음은 두 단순음이 함께 울릴 때 나타나는 추가적인 음고 감각이다. 이 감각은 원래의 소리 자극에는 실재하지 않으며 귓속에서 음향학적 신호가 비선형적 왜곡을 받을 때 나타난다.

다음과 같이 실험을 해 보자. 사인파 발생기에서 f_1과 f_2의 진동수를 갖는 두 개의 단순음을 강하게 발생시키면서 f_2의 진동수를 f_1의 진동수를 지나서 한 옥타브 위인 $2f_1$의 진동수까지 천천히 올려 보자.[4] 그다음에는 f_2의 진동수를 $2f_1$에서 원래의 진동수 f_1까지

4 인터넷상에서 무료로 다운받을 수 있는 Soundwave 프로그램을 활용할 수 있다.

천천히 내린다. 이 과정을 반복하면서 새로운 진동수의 소리가 들리는지 귀를 기울여 본다. 그러면 고정되어 있는 f_1의 진동수를 갖는 소리와 변하는 f_2의 진동수의 소리뿐 아니라 이들보다 진동수가 낮은 하나 또는 그 이상의 오르내리는 진동수의 소리를 듣게 된다. 특히 f_2가 f_1에서 위로 멀어질 때 우리는 낮은 음의 음고가 서서히 올라가는 것을 듣게 된다. 이것은 f_2-f_1의 진동수를 갖는다. f_2가 $2f_1$에서 시작하여 서서히 내려갈 때 우리는 매우 낮은 음에서 시작하여 음고가 올라가는 음을 듣게 된다. 이것은 $2f_1-f_2$의 진동수를 갖는다. 더 주의를 집중해 보면 하나 이상의 낮은 음고의 음이 동시에 들릴 수도 있다. 원래의 소리에는 존재하지 않던 이 음들이 바로 조합음들이다.

아마도 가장 쉽게 인식할 수 있는 조합음은 진동수가 f_1과 f_2의 차이에 해당하는 f_2-f_1의 진동수를 갖는 음이다. 이 음은 차음(difference tone)이라고 불린다. f_1과 f_2가 가까이 있을 때에는 f_2-f_1은 맥놀이 진동수에 해당한다. 그것이 독립된 음으로 들리려면 30Hz를 넘어야 한다. f_2가 증가함에 따라 차음 진동수 f_2-f_1도 증가한다. 쉽게 검출 가능한 다른 조합음에는 $2f_1-f_2$와 $3f_1-2f_2$가 있다.

이러한 음들은 어떻게 해서 감지가 가능할까? 동물에서 행해진 실험에 따르면 달팽이관의 입구인 난원창에서 이러한 음들은 아직 발생하지 않는다. 신경 펄스 측정으로부터 해당하는 진동수의 위치에서 기저막의 구역이 공명한다는 것이 확인되었다. 그러므로 달팽이관에서 일차 음파의 비선형적 왜곡이 발생한다고 판단된다. 수학적으로는 f_1과 f_2의 진동수를 갖는 단진동이 비선형으로 반응하는 변환기에 들어가면 원래의 진동수에 추가하여 이 둘의 모든 선형 조합인 f_2-f_1, $2f_1-f_2$, $3f_1-2f_2$, f_1+f_2, $2f_1+f_2$ … 등이 가능하다는 것을 보일 수 있다.[5] 이것의 일반적인 형태는 mf_1+nf_2(m, n은 정수)로 나타나는 양수 값으로 적을 수 있다. 이것이 조합음의 일반적인 형태이다. 비선형적 왜곡에 의하면 f_1의 진동수를 갖는 단 하나의 음이 충분히 크면 추가적인 진동수의 소리를 발생시킬 수 있다. 청배음(aural harmonic)이라고 불리는 이 음들은 원래의 진동수의 정수 배인 $2f_1$, $3f_1$, $4f_1$ 등의 진동수를 갖는다. 조합음과 청배음을 만드는 것은 전자 진동자를 이용하는 것이 일반적이지만 강하게 일정한 진동수의 음을 낼 수 있는 악기를 사용해서 만들 수도 있다. 이 실험에 가장 적절한 악기는 개 호각(dog whistle)이다. 개 호각은 음의 진동수를 변화시킬 수 있고 음량도 크게 할 수 있기 때문이다. 두 개의 호각을 가지고 하나는 고정된 진동수에서 불고, 다른 하나는 옥타브를 오르내리면서 불면 다양한 조합음을 만들어 낼 수 있다. 개 호각은 진동수가 매우 높은데 여기에서 형성되는 차음은 진동수가 낮기 때문에 원래의 개 호각 소리들과 확실하게 구별된다.[6]

---

5 Hermann Helmholtz, *On the Sensations of Tone as Physiological Basis for the Theory of Music*(New York: Dover, 1954), p. 154.

6 Roederer, *The Physics and Psychophysics of Music*, p. 45.

조합음이 음악에서 하는 긍정적인 기능은 별로 없다. 조합음이 발생하기 위해서는 악기가 강하게 울려야 하므로 록 음악을 크게 들을 때 조합음을 들을 수 있다. 특히 록 음악을 이어폰으로 크게 들을 때 조합음이 생겨난다. 가짜 조합음은 전자 오르간과 저질의 하이파이 앰프와 스피커에서 쉽게 발생할 수 있다. 이런 경우에 전자 회로와 스피커의 역학계의 비선형 왜곡이 이러한 기생적 진동수를 발생시킨다. 특히 차음은 전자 오르간으로 확실하게 만들 수 있고 명쾌하게 들을 수 있다. 이 경우에 차음은 음이 약간 어긋나 있는데, 이는 원래의 음이 평균율로 조율되어 있기 때문이다. 이 경우에 들리는 음은 가짜 조합음이다. 왜냐하면 낮은 음고의 감각이 귀에서가 아니라 스피커에서 발생하기 때문이다. 이 사례로부터 왜 하이파이 시스템의 전자 회로와 스피커가 선형 응답을 가져야 하는지 그 이유를 알 수 있다.

5.
2차 맥놀이와 기본음 추적

전자적으로 발생된 단순음을 가지고 실험을 하되 이번에는 가능한 한 조합음 감각을 무시하자. 한쪽 귀에 두 음을 약한 세기로 들려준다. f_1의 진동수는 고정되어 있되 f_2의 진동수는 자유롭게 변화시킨다. 두 단순음의 진폭을 실험 내내 일정하게 유지시킨다.

f_2를 서서히 올리면 옥타브인 $f_2=2f_1$ 근처에서 독특한 현상이 발생한다. 동음 근처의 1차 맥놀이와는 구분되는 선명한 맥놀이 감각이 감지된다. f_2가 정확하게 $2f_1$과 같을 때에는 이 맥놀이 감각이 사라진다. 옥타브에서 벗어나 있을 때, 즉 $f_2=2f_1+\epsilon$일 때 맥놀이는 다시 나타난다. 여기에서 ϵ은 작은 진동수 차이로, 양의 값이나 음의 값을 가질 수 있다. 맥놀이 진동수는 ϵ의 절댓값과 같다. 무엇이 맥놀이를 일으키는 것인지 기술하기는 어렵다. 우리는 이것을 '2차 맥놀이'라고 부른다. 어떤 이들은 '주관적 맥놀이'라고 부르기를 선호한다. 그것은 기저막의 진동과는 무관하게 발생하므로 더 고차원의 수준, 즉 신경 과정의 결과이다.

2차 맥놀이를 들을 때 오실로스코프에서 진동 패턴을 살펴보는 것이 교육적이다. 이 진동 패턴은 정확하게 맥놀이 감각과 동시적으로 변하는 것으로 보인다. 청각계는 진동 패턴의 형태가 이렇게 변하는 것을 감지할 수 있음에 틀림없다. 옥타브가 완벽하게 조율되어 있을 때에는 위상이 변하지 않고 일정하고, 오실로스코프상의 이미지가 정적으로 나타난다. 옥타브가 완벽하게 조율되어 있지만 위상이 차이가 날 경우에 오실로스코프에 나타나는 파형은 위상차가 0일 때와는 다르지만 사람의 귀에는 그 차이가 감지되지 않는다. 그러나 f_2가 f_1의 옥타브인 $2f_1$에서 약간 벗어나 있을 때, 즉 $f_2=2f_1+\epsilon$일 때 상호 위상 관계는 시간에 따라 연속적으로 변하게 되고 결과적으로 합성 진동 패턴은 하나의 형태에서 다른 형태로 점차 변하게 된다. 수학적으로 진동 패턴이 변화하는 사이클은 높은 음이 낮은 음의 옥타브에서 벗어나 있는 정도인 ϵ의 진동수를 가지고 반복된다. 그러므로 이것은 사람에게 이러한 진동 패턴의 변화를 감지할 수 있는 능력이 있음을 의미한다. 〈그림 2-8〉과 〈그림 2-9〉에서 볼 수 있듯이 2차 맥놀이에서는 1차 맥놀이와 같이 진폭의 변화에 평균값이라는 것이 발견되지 않는다. 1차 맥놀이에서는 진폭 변조가 일어나지만 2차 맥놀이에서는 진동 패턴의 변조가 일어난다. 2차 맥놀이 감각은 원래의 두 음의 자극이 낮은 진동수 범위에 있을 때에만 나타난다. f_1과 f_2가 1500Hz 이상이 되면 2차 맥놀이는 감지되지 않는다.[7]

이렇게 차이 나게 조율된 옥타브에서 생기는 2차 맥놀이는 옥타브 음정에만 국한하여 나타나는 것은 아니다. f_1과 f_2의 다른 쌍에서도 옥타브의 경우에 비하여 약하기는 하지만 맥놀이가 감지된다. $f_2 = \frac{3}{2}f_1$(완전5도)과 $f_2 = \frac{4}{3}f_1$(완전4도)에서 약간 벗어난 조율에서도 맥놀이가 발견된다. 다시 오실로스코프에서 동시에 진동 패턴을 보면 잘못 조율된 5도인 $f_2 = \frac{3}{2}f_1 + \epsilon$과 잘못 조율된 4도인 $f_2 = \frac{4}{3}f_1 + \epsilon$에서 진동 패턴은 정확하게 조율된 5도와 4도의 경우처럼 정지되어 있지 않고 주기적으로 변한다. 이때 변하는 것은 진폭이 아니라 진동 패턴이다. 이때 나타나는 2차 맥놀이는 옥타브의

---

7 Roederer, *The Physics and Psychophysics of Musics*, pp. 46-47.

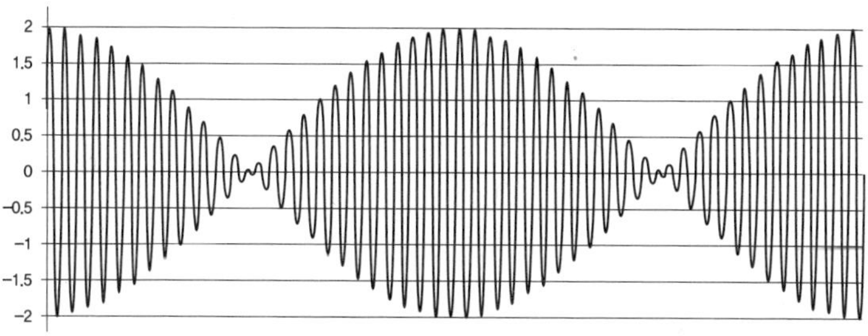

그림 2-8 f_1=270Hz, f_2=260Hz일 때 1차 맥놀이(2주기)

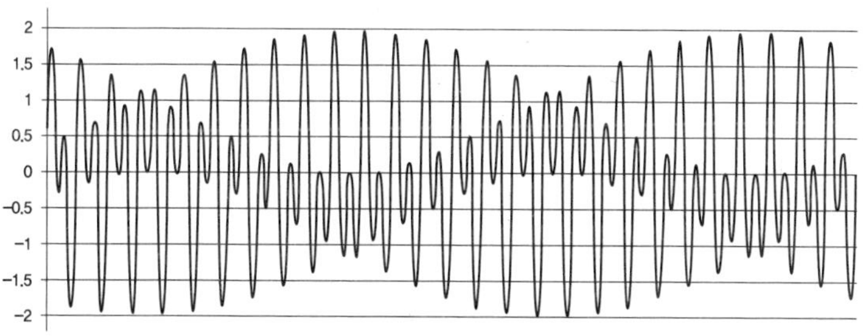

그림 2-9 f_1=270Hz, f_2=130Hz(ϵ=10Hz)일 때 2차 맥놀이(2주기)

경우보다 더 빠르다. 5도의 경우에는 맥놀이 진동수가 2ϵ이고, 4도의 경우에는 3ϵ이다. 이런 이유 때문에 이것들은 잘못 조율된 옥타브의 2차 맥놀이에 비하여 감지하기 어렵다. 더구나 진동 패턴 자체가 옥타브에서 5도로, 5도에서 4도로 갈수록 더욱 더 복잡해지므로 그 맥놀이를 감지하기가 더 어렵다. 진동 패턴이 복잡해질수록 청각계가 그것의 주기적 변화를 감지하기는 더욱 어려운 것이다.

2차 맥놀이가 가장 잘 들리기 위해서는 성분음 사이의 세기에 최적 값이 있다. 높은 음이 낮은 음보다 세기가 약한 것이 좋다. 또한 2차 맥놀이는 다른 귀에 따로따로 소리를 주입할 때에도 일어난다. 이 경우에 머릿속에서 소리의 이미지가 공간상 회전을 하는 희한한 감각을 경험할 수 있다. 단순음의 2차 맥놀이는 단순음이 음악에서 별로 사용되지 않는다는 점에서 중요성이 덜하지만 악음의 처리 메커니즘을 이해하는 데에는 중요한 정보를 제공해 준다는 점에서 가치가 크다.

다음에는 음악적으로 아주 중요하고 의미 있는 음악 심리학적 실험을 소개한다. 5도 간격의 두 음, 즉 진동수의 비가 2:3인 두 단순음이 있다. 둘이 동일한 진폭과 동일한 위상을 가질 경우에 합성파의 파형은 〈그림 2-10〉과 같다. 합성파인 계열 3은 일정한 주기 τ_0를 갖고 반복되는 것을 확인할 수 있다. 두 성분음 계열 1과 계열 2의 주기는 τ_1, τ_2로 적을 수 있고 두 주기의 비는 $\tau_1 : \tau_2 = 3:2$이다. 또한 두 주기 중 긴 쪽인 τ_1의 2배가 τ_0와 같고 두 주기 중 짧은 쪽인 τ_2의 3배가 τ_0와 같은 것을 확인할 수 있다. 주기와 진동수는 역수의 관계에 있으므로 주기에 대한 논의를 진동수에 대한 논의로 바꾸어 말할 수 있다. 합성파의 진동수는 성분음 중 낮은 음의 진동수의 2분의 1이고 성분음 중 높은 음의 진동수의 3분의 1이다.

$$f_0 = \frac{1}{2}f_1 = \frac{1}{3}f_2$$

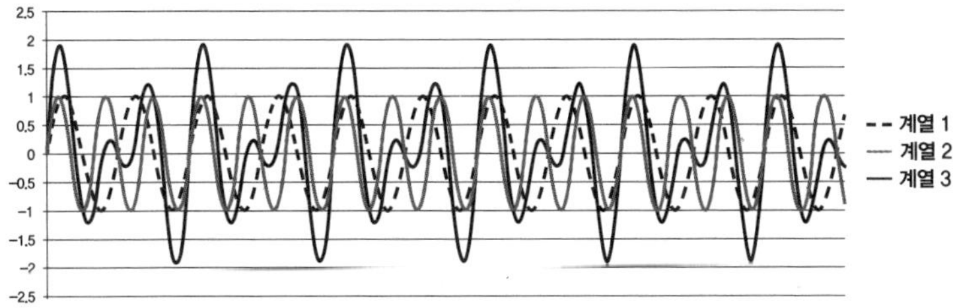

그림 2-10 진동수의 비가 2:3인 두 단순음의 합성

f_0을 우리는 합성파의 기본음 진동수(fundamental frequency)라고 부른다. 이 경우에 f_0의 진동수를 갖는 음은 f_1의 진동수를 갖는 음에 비해 옥타브 아래에 있고 f_2의 진동수를 갖는 음에 비해 12도 아래에 있다. 만약 두 음의 진동수 f_1, f_2가 3:4의 비(주기의 비는 4:3)를 이루어 4도의 음정을 갖는다면 합성파를 마찬가지 방법으로 그릴 수 있다. 그러면 합성파의 기본음 진동수 $f_0 = \frac{1}{3}f_1 = \frac{1}{4}f_2$의 관계에 있고 f_0의 진동수를 갖는 음은 f_1의 진동수를 갖는 음에 비해 12도 아래에 있고 f_2의 진동수를 갖는 음에 비해 두 옥타브 아래에 있게 된다. 만약 두 음의 진동수 f_1, f_2가 4:5의 비, 즉 장3도의 음정을 갖는다면 합성파의 기본음 진동수 $f_0 = \frac{1}{4}f_1 = \frac{1}{5}f_2$의 관계에 있고 기본음은 낮은 성분음의 두 옥타브 아래에 있게 된다. 다음으로 만약 두 음의 진동수 f_1, f_2가 5:6의 비, 즉 단3도의 음정을 갖는다면 합성파의 기본음 진동수 $f_0 = \frac{1}{5}f_1 = \frac{1}{6}f_2$의 관계에 있게 된다.

우리의 청각계는 이러한 합성파의 기본음 진동수를 식별해 낼 수 있다. 5도, 4도, 장3도, 단3도 떨어져 있는 두 개의 단순음을 함께 울렸을 때 피험자는 각각의 기본음 진동수를 듣는다. 이러한 상황은 실제로 음악에서 구현이 가능하다. 5도, 4도, 장3도, 단3도 떨어져 있는 단순음의 조합이 순서에 따라 나열되었을 때 피험자는 각각의 기본음 진동수를 찾아내었다. 5도, 4도, 장3도, 단3도의 경우에 두 진동수의 차음 진동수와 기본음 진동수가 같다는 것을 알 수 있다. 이 경우에 들리는 음의 진동수가 차음 진동수인지 기본음 진동수인지 구별이 안 된다고 생각할 수 있다. 그렇지만 차음 진동수는 성분들이 강할 경우에만 형성될 수 있는 반면에 기본음 진동수는 성분음들이 강하지 않을 때에도 잘 들린다. 실제로 기본음 진동수의 식별은 여러 세기에 걸쳐 음악계에서 사용되어 왔다. 가령, 16세기 말에 많은 오르간들은 실제 그 파이프가 낸다고 알려진 음고보다 5도 높은 소리를 내는 파이프들을 포함했다. 이렇게 하면 원래 내기로 한 음의 음고보다 한 옥타브 아래의 베이스 음을 자극하거나 강화할 수 있다. 그러면 직경이 커서 만들기 어렵고 경비가 많이 드는 파이프를 대신할 수 있다. 이렇게 비용을 절감하는 방식은 4도(3:4)나 장3도(4:5)를 이용해 두 옥타브 아래의 음을 자극하도록 설계되는 경우도 있으니 크고 비싼 파이프를 구비하지 않아도 되었다.

흔히들 음고는 소리의 진동수에 의해 결정된다고 말하지만 실제로는 음파의 물리적 속성이 아니라 귀가 감지하는 심리적 속성에 해당하므로 음파의 규칙성이라는 물리적 속성이 그대로 음고의 지각으로 이어지는 것은 아니다. 악기에서 나는 소리라 하더라도 규칙성을 찾아낼 정도로 충분한 지속 시간을 갖지 않는다면 음고를 식별하기 어렵다. 몇 십 사이클의 음은 짧지만 확실한 음고를 갖는 악음으로 들리지만 2~4사이클의 소리는 딸깍거리는 소리일 뿐 낮은 음이나 높은 음이라는 인상 외에는 음고를 명쾌하게 말하기 어렵다.

1924년에 미국의 음향학자인 플레처(Harvey Fletcher)는 악음에서 가장 낮은 부분음 몇 개를 필터링해서 제거해도 음고에는 변화가 없고 음색에만 약간의 변화가 생기는 것을 확인했다. 그럼에도 불구하고 플레처는 기본음 진동수가 음고의 유지를 위해 꼭 필요하다고 생각했다. 그러나 1938년에 쇼우텐(J. F. Schouten)은 복합음에서 기본음이 사라져도 음고가 유지된다는 것을 확인했다. 그는 귓속에 기본음이 존재한다고 말했다. 실제로 복합음의 진동수는 두드러진 부분음 성분에 의해 결정된다. 피아노 건반의 가장 높은 음 쪽에서는 기본음을 제거하면 음고는 다음 부분음의 음고가 된다. 고차의 부분음들이 약하고 덜 두드러지기 때문이다. 반면에 피아노 건반의 가장 낮은 음 쪽에서는 기본음의 음고를 제거해도 음고가 바뀌지 않는다. 여기에서는 고차의 부분음들이 강하고 두드러지기 때문이다. 어떤 복합음이 $\{2f, 3f, 4f, 5f\}$의 부분음을 갖고 부분음의 세기가 모두 강하면 사람의 귀는 f를 이 복합음의 음고로 인식하게 되는 것이다. 그러나 차수가 올라가면서 부분음의 세기가 약해지면 이 복합음의 음고는 $2f$로 인식된다. 사람에게 인식되는 음고를 결정하는 부분음은 높은 음에서는 낮은 부분음이고, 낮은 음에서는 높은 부분음이다. 일반적으로 가장 낮은 여섯 개의 부분음이 그 역할을 한다. 이렇게 기본음 진동수의 음이 원래 성분에는 존재하지 않을 경우에 이 음을 '실종된 기본음'(missing fundamental)이라고 부른다. 이렇게 실종된 기본음의 음고를 '잔류 음고'(residue pitch) 또는 '가상 음고'(virtual pitch)라고도 부른다. 가상 음고는 사람이 부분음을 개별적으로 듣는다는 의미의 분석적 청취가 아니라 종합적 청취를 지지한다. 이 관점에 따르면 사람의 귀는 개별적으로 부분음을 듣고 인지하지만 사람의 뇌는 부분음의 음고들을 합쳐서 전체 복합음의 음고를 추론해 낸다.[8]

동일한 실종된 기본음을 만들어 내는 다른 성분음 조합들이 있다. $2f_0$과 $3f_0$(5도), $3f_0$과 $4f_0$(4도), $4f_0$과 $5f_0$(장3도), $5f_0$과 $6f_0$(단3도)은 모두 f_0의 실종된 기본음을 만들어 낸다. 이때 성분음들은 일반 악기의 소리가 아니라 소리굽쇠나 사이렌의 소리와 같은 단순음이어야 한다. 이 음고 감각은 원래의 단순음의 음고와는 확실하게 구분된다. 실험을 해 보면 통상적인 음량 수준에서 f_0 진동수는 달팽이관 액체 진동에는 존재하지 않는다. 실제로 f_0 진동수에 해당하는

8 Roederer, *The Physics and Psychophysics of Music*, p. 51.

기저막의 영역은 소음 대역에 해당되어 주변에 널려 있는 소음 속에서 알아차리지 못한 채 지나치는 소리들로 차폐될 수 있다. 그러나 실종된 기본음은 그 속에서 들린다. 그런데 f_0 진동수의 음이 달팽이관에 실제로 존재한다면 f_0 진동수에서 약간 어긋난 음을 들려줄 때 1차 맥놀이가 나타나야 할 것이다. 그렇지만 실제로 해 보면 이 경우에 맥놀이 감각이 이루어지지 않는다. 이것은 f_0 진동수의 음이 실제로 존재하지는 않는다는 것을 보여 준다. 더욱 놀라운 것은 실종된 기본음은 두 성분음이 두 귀에 따로따로 주입될 때에도 인지된다는 것이다. 이것은 실종된 기본음이 달팽이관의 기저막에서 발생하는 현상이 아니라 더 높은 수준의 신경 과정(neural process)의 결과라는 것을 의미한다.

우리의 청각계가 복잡한 형태의 진동 패턴의 진동수를 감지하는 능력, 즉 주관적 음고를 감지하는 능력은 1,500Hz 아래의 낮은 진동수 영역에서만 나타난다. 진동 패턴이 복잡할수록, 그리고 성분음 사이의 진동수의 차이, 즉 음정이 작을수록 청각계가 실종된 기본음을 동정하기는 더 어려워지고 주관적 음고는 더 모호해진다.

$2f_0$, $3f_0$, $4f_0$, $5f_0$, $6f_0$ …의 개별 성분을 기본음 진동수 f_0의 상배음(upper harmonic) 또는 간단히 배음(harmonic)이라고 부른다.[9]

9 배음이라는 말은 배음렬 {f_0, $2f_0$, $3f_0$, $4f_0$, $5f_0$, $6f_0$ …}에서 f_0까지 포함하여 부를 때 사용한다. 그래서 제1 배음은 f_0, 제2 배음은 $2f_0$, 제3 배음은 $3f_0$이 되고 제1 상배음은 $2f_0$, 제2 상배음은 $3f_0$, 제3 상배음은 $4f_0$이 된다.

배음은 기본음 진동수의 자연수 배를 이룬다. 상배음렬의 이웃하는 두 음은 기본음 진동수 f_0을 발생시키는 쌍들이다. 그러므로 모든 상배음이 함께 울리게 되면 f_0의 진동수를 갖는 단일한 주관적 음고 감각을 강화하게 된다. 이 경우에 f_0이 실재하지 않는다고 하더라도 감각이 가능해진다. 이렇게 기본음 진동수를 찾는 신경 과정을 기본음 추적(fundamental tracking)이라고 부른다. 무수히 많은 상상 가능한 단순음 진동수 조합이 있지만 $\{2f_0, 3f_0, 4f_0 \cdots nf_0 \cdots\}$의 조합이 연속적인 진동수의 쌍을 취할 수 있는 유일한 조합이며, 이 조합으로 단일한 진동수 f_0이 강화된다는 것이 이러한 상배음렬을 특별한 수열로 만든다. 역으로 말하면 이것이 복잡하지만 주기적인 진동 패턴을 갖는 주기적인 음은 진동수가 nf_0(n은 자연수)으로 표현되는 단순음의 조합으로 구성되어 있는 이유이다.[10]

앞서 말한 두 단순음 조합에 의한 심리 음향학적 실험을 다수의 단순음으로 구성되는 선율 또는 계열을 포함하도록 확장할 수 있다. 제n 배음에서 시작하는 단순음의 조합, $\{nf_0, (n+1)f_0, (n+2)f_0, (n+3)f_0 \cdots\}$을 생각해 보자. 기본음 진동수를 갖는 부분음은 빠져 있지만 이 음들의 조합은 모두 f_0에 해당하는 주관적 음고를 강화한다. 사실상 더 많은 배음이 포함될수록 더 명쾌하게 가상 음고가 감지된다. 물론 시작하는 배음 순서가 매우 높다면(즉, n이 매우

10 Roederer, *The Physics and Psychophysics of Music*, p. 53.

크다면), 배음렬을 연장하는 데 어려움이 있을 수도 있다. 실제 악음은 배음의 중첩으로 구성되기 때문에 기본음 추적은 우리가 악기의 복합음에 대하여 독특한 음고 감각을 할당할 수 있게 해 주는 청각 메커니즘이다.

청각 이론에서 기본음 추적이 갖는 함축을 이해하는 것도 중요하다. 900Hz와 1,100Hz의 음이 함께 울린다고 가정해 보자. 이 두 진동수를 배음렬에서 이웃하는 두 항으로 볼 수는 없다. 왜냐하면 두 진동수의 차이는 200Hz인데 900Hz와 1,100Hz는 200Hz의 n(자연수)배가 아니기 때문이다. 그러면 900Hz와 1,100Hz의 음을 기본음 진동수가 100Hz인 배음렬의 아홉 번째 배음과 열한 번째 배음이라고 생각할 수 있다. 그렇다면 이런 경우에 100Hz의 기본음 진동수를 들을 수 있을까? 사람의 지각은 애매해진다. 두 가지의 가능한 음고가 연결되어 있어서 자극이 제시되는 맥락에 따라 다르게 해석될 수 있기 때문이다. 그래서 약 178Hz나 228Hz의 소리가 감지된다.

실제로 그래프를 그려 보면 합성파의 진동수는 100Hz로 나온다 그림 2-11. 진폭 변조의 측면에서 보면 200Hz로 진동한다. 그렇지만 100Hz도 200Hz도 지각되지 않는다. 사실상 두 개의 가능한 음고는 '가짜 진동수'에 해당한다. 이러한 사실은 뇌에서는 단순히 합성파의 진동수나 진폭 변조율을 감지하는 것이 아니라 훨씬 더 정교화된 음고 추출 과정이 작동한다는 것을 암시한다. 청취 메커

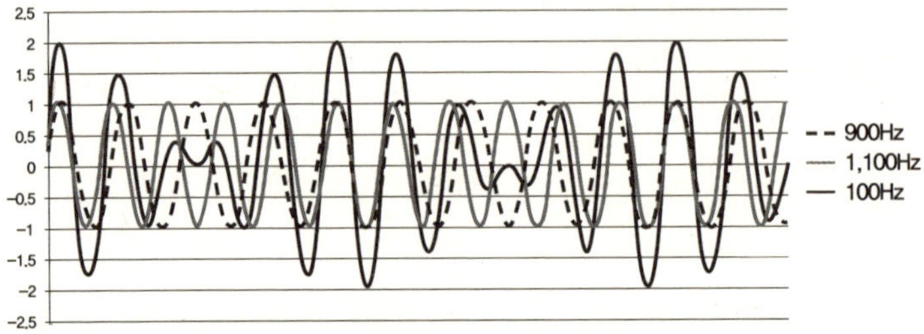

그림 2-11 900Hz와 1,100Hz의 단순음 합성

니즘은 진동 패턴의 자세한 시간 전개상의 특징에 고착되든지 매우 상이한 신호 인지 과정이 작동해서 기저막 위에 두 음의 자극으로 활성화되는 공간상의 패턴이 음고 처리기에 의해 분석되어 추론에 의해 가능한 한 친숙한 배열, 즉 이웃하는 배음의 공명 구역의 위치로 짝을 짓는 작용이 일어난다. 짝짓기가 달성되면 음고 감각이 이루어진다. 이때 하나 이상의 짝짓기가 가능하므로 모호한 음고가 만들어진다. 이것은 수학적으로 여러 측면에서 증명될 수 있어서 위의 분석 메커니즘과 같은 정량적 결과를 내놓는다.

주관적인 가상 음고를 인지하는 능력과 관련하여 개인별로 차이가 존재하지만 여러 연구 팀에 의해 이루어진 가상 음고에 대한 정량적 실험 결과의 일관성은 매우 크기 때문에 음고 추출 메커니즘에 대한 실험으로부터 끌어낼 수 있는 결론은 개인별 편차가 단지 듣는 전략상의 차이의 표지일 수 있다고 판단하는 것이다.

음악 심리학자들 사이에서 뇌가 감지하는 것이 진동수인지 음고인지에 관하여 논란이 있었다. 이에 대하여 발달한 장비를 사용한 실험 연구에서는 후자 쪽을 지지하는 결과가 많이 나오고 있다. 사람이 진동수를 감지하는지 음고를 감지하는지를 알기 위해 널리 사용되는 기구는 MEG다. MEG는 소리 자극에 대한 청각 피질의 반응을 기록하는 데 널리 사용된다. 이 기술은 뉴런의 세포막에서 퍼텐셜이 변할 때 전류의 흐름이 동반되고 전류는 자기장을 유발하는 것을 이용한다. EEG보다 MEG가 나은 점 중에서 가장 두드러진 것은 전압의 변화와 달리 자기 쌍극자의 변화는 중간에 끼여 있는 뼈나 두피와 같은 조직에 상대적으로 영향을 덜 받는다는 점이다. 그래서 MEG는 활동하는 세포의 위치를 더 잘 파악한다. 그러나 주변에 널려 있는 자기장 때문에 특별한 기술이 요구된다. 하나에서 몇 개의 체널을 갖는 초전도 양자 간섭 장치(SQUID: superconducting quantum interference device)가 성공적으로 사용되고 있다. MEG는 시간 결정도와 공간 해상도가 모두 좋다. 이 말은 짧은 시간 간격과 좁은 공간 간격으로 세포의 활동을 기록할 수 있다는 뜻이다. 게다가 두개골 아래쪽의 다양한 깊이에서 활동 위치를 포착할 수 있다. 양전자 방출 단층촬영(PET: positron emission tomography)은 청각 피질에 다양한 소리 진동수에 반응하는 각기 다른 위치가 있음을 지지해 주는데, 다만 정확한 위치에 대해서는 연구팀마다 의견의 차이가 있다. 팬테브(Pantev) 연구팀은 1981년과 1991년에 발표한 연구에서 세 가지 청각 자극을 사용했다.

(1) 250Hz의 기본음의 제4 배음(1,000Hz)부터 제7 배음까지(1,750Hz)로 구성된 복합 자극, (2) 250Hz의 단순음, (3) 1,000Hz의 단순음이 그것이다. 배음으로 구성된 복합 자극은 250Hz의 기저막 부위를 자극하지 않도록 차폐 소음을 사용했다. 이 배음렬에 대한 뇌의 반응은 250Hz의 기본음 진동수에 대한 반응과 같은 위치에서 일어났다. 반면에 1,000Hz의 단순음에 대한 뇌의 반응은 다른 위치에서 일어났다. 복합 자극의 배음렬은 절대적으로 250Hz의 진동수를 가지고 있지 않았지만 배음렬을 통해 250Hz에 해당하는 가상 음고를 만들어 냈고 가상 음고에 대한 감각은 250Hz의 감각을 일으키는 청각 피질 부위를 자극했다. 이로부터 연구팀은 인간의 청각 피질은 진동수보다는 음고에 토대를 둔 조직을 가지고 있다고 결론지었다. 이 실험 결과는 같은 팀이 수행한 자기공명영상(MRI: magnetic resonance imaging)에 의해 같은 부위에 대한 동일한 결과에 의해 확증되었다. 더 넓은 진동수 대역에 대하여 조사를 확장할 필요가 있다. 다른 연구에서는 같은 음고 지각을 유발하는 다른 자극이 청각 신경에서 같은 방출 패턴을 야기한다는 결과가 제시되었다. 또한 하나의 뉴런이 아니라 뉴런의 집단이 음고에 대하여 반응을 만들어 낸다는 것이 실험에 의해 지지받고 있다. 또한 사람은 청각 피질 중에서 왼쪽에 손상이 생기면 음고 판단에 장애를 받지 않지만 오른쪽에 손상이 생기면 음고를 판단하지 못한다는 사실로부터 음고를 추론하는 인간의 능력은 우뇌의 기능인 병

렬적 사고에 근접해 있음을 추정할 수 있다. 음고는 단순한 진동수 정보를 감각기에서 얻음으로써 판단되는 것이 아니라 병렬적이고 구조적인 지각과 사고 과정의 산물인 셈이다.

6.
신경계에서 소리의 지각

잘못 조율된 협화음의 맥놀이 지각이나 기본음 추적과 같은 청각 과정상의 2차 효과의 발견은 청취 이론에 큰 함의를 갖는다. 잘못 조율된 협화음의 지각은 청각계가 음향학적 진동 패턴의 상세한 시간 전개상의 구조에 대한 정보를 얻고 활용한다는 것을 드러내 준다. 기본음 추저을 설명하는 데에는 두 기지 가설이 대인으로 존재한다. 첫째, 그것은 진동의 시간 전개상의 패턴에 대한 상세한 분석을 수행하는 메커니즘이 있어서 반복되는 패턴을 파악하여 거기에서 음고 감각을 형성한다는 것을 암시할 수 있다. 둘째, 그 현상은 기저막을 따라 활성화되는 공간상의 흥분 패턴에 대한 상세 정보를 분석하는 메커니즘이 있어서 악음에 의해 유발되는 특징적 흥분과 그 패턴이 일치하면 단일한 음고 감각을 내놓는다는 것을 암시할 수 있다. 첫 번째 가설은 달팽이관이라는 변두리에서 암호화되는 상세한 음향학적 정보가 중앙 신경계에서 뇌의 개입을 통해 고차원의 수준으로 분석되어야 함을 의미한다. 두 번째 메커니즘은 차수가 낮은 배음 구역에서 가장 잘 작동하기를 기대해야 한다. 왜냐하면 해당하는 공간 흥분의 최댓값들이 가장 뚜렷한 곳이 이 구역들에 있기 때문이다. 물론 두 메커니즘이 상호 보완적으로 동시에 작동할 수도 있다.

제안된 메커니즘을 이해하기 위해 우리는 신경계 작동의 몇 가지 일반적 특징을 짚어 보아야 한다. 진화 과정에서 다세포 생물종이 운동 기능을 갖게 되었을 때 다량의 정보를 신속하게 처리하고 저장하는 능력이 필요해졌다. 생명체를 외부 세계와 실시간으로 연결하기 위해 감각 신경과 운동 신경이 함께 진화하여 신경계를 형성했다. 진화의 초기 단계에 신경계는 단지 고속 정보 전달 장치로 기능했다. 이 장치에서는 환경에서 오는 물리적·화학적 신호가 감각 수용기에서 전기 펄스로 전환되어 멀리 떨어진 신체 부위로 전달되었다. 그러한 신호는 근육 섬유에서 수축을 촉발시켰다. 이후에 신경 네트워크는 진화하여 상이한 유형의 입력 신호를 분석하고 식별하여 특별한 명령을 다른 신체 부위로 보낼 수 있게 되었다. 결국에 기억 회로가 창출되었고 생명체의 생존 기간에 획득한 관련 정보를 저장해 두었다가 전에 경험한 환경의 도전이 이후에 다시 닥칠 때 성공적으로 맞서기 위해 그 정보를 활용했다.

신경계의 기초적인 구성 요소와 정보 처리 단위는 뉴런이다. 뉴런은 정보 운반체로서 짧은 전기 펄스를 발생시킬 수 있는 능력을 갖춘 세포로, 전기화학적으로 활성화되는 막이 있기 때문에 이러

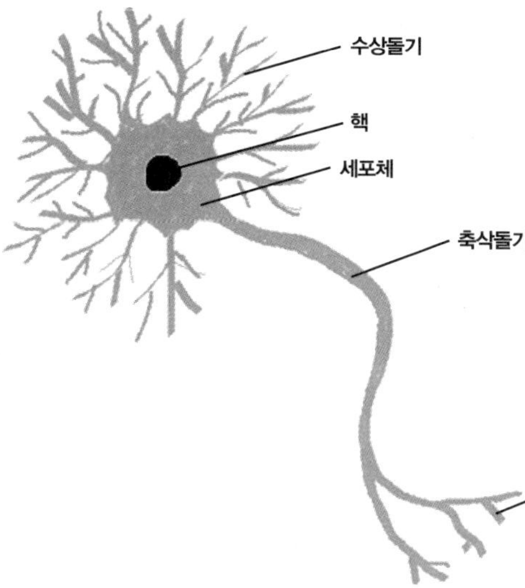

그림 2-12 뉴런의 모양

한 기능을 수행할 수 있다. 뉴런은 해파리에서 인간의 대뇌 피질에 이르기까지 전형적인 특징을 갖는다. 우선 뉴런은 수상돌기를 갖는다. 수상돌기는 신경 세포체에서 나뭇가지 모양으로 뻗어 나와 있는 부위로, 상위 뉴런에서 시냅스 연결을 통해 도달하는 신호를 모으는 역할을 한다. 세포체는 세포핵을 포함하여 뉴런의 대사 기능을 제어하며 시냅스 앞쪽의 다른 뉴런으로부터 직접적인 입력을 받을 수 있다. 축삭돌기는 세포체로부터 시냅스 뒤쪽의 뉴런에 표준적인 크기의 전기 펄스를 전달하는 경로이다. 그리하여 뉴런은 신경계의 가장 기본적인 단위로서 정보의 수집·통합·식별을 담당한다.

교란되지 않은 뉴런은 주변 매질에 대하여 약 -70mV(밀리볼트)라는 일정한 전기 퍼텐셜을 유지한다. 이 값은 세포막이 70nm(나노미터)(7×10^{-8}m) 두께임을 고려할 때 엄청나게 큰 값이다. 신경 전달 물질이 시냅스 앞쪽 세포로부터 시냅스 간극으로 분비되면 전기를 띤 원자인 소듐 이온(Na^{+}), 포타슘 이온(K^{+}), 칼슘 이온(Ca^{2+}) 등에 대한 막의 투과성에 국소적인 변화가 생기고, 이러한 변화가 시냅스 뒤쪽 뉴런의 전기 퍼텐셜에 국소적 변화를 일으켜 전기 펄스가 뒤쪽 뉴런의 신경 세포체 쪽으로 전달된다. 어떤 시냅스에서 신경 전달 물질은 도파민, 글리신, 감마아미노부티르산이어서 양의 펄스인 EPSP(excitatory postsynaptic potential)를 만들어 내고, 다른 시냅스에서 신경 전달 물질은 노르에피네프린이어서 음의 펄스인 IPSP(inhibitory postsynaptic potential)를 만들어 낸다. EPSP는 +8 내지 +10mV이고 IPSP는 -5 내지 -8mV이다. 이 펄스들은 수 밀리초에 최고점에 도달하고 10밀리초 이내에 소멸한다. 1밀리초도 안 되는 시간 동안, 시냅스에 펄스가 도착하고 시냅스 간극으로 신경 전달 물질을 분비하는 사이에 특징적인 시간 지연이 일어나 시냅스 뒤쪽 뉴런에서 반응의 형성이 지체된다.[11]

이 모두는 세포 안에 심은 미세 전극으로 측정할 수 있는데, 이 전극이 뉴런의 실제 작용에 반드시 영향을 미치지는 않는다. 시

11 Roederer, *The Physics and Psychophysics of Music*, pp. 56-57.

냅스 뒤쪽 수상돌기에서 발생하는 신호의 상대적 진폭은 시냅스 연결의 실제 구조와 크기뿐 아니라 시냅스 뒤쪽 뉴런에 있는 신경 전달 물질 수용체의 수에 의존한다. 결과적으로 시냅스 뒤쪽 퍼텐셜의 진폭과 지속 시간은 펄스를 발생시키는 시냅스의 효율의 척도가 된다.

들어오는 펄스는 세포체로 전달될 때 거의 선형으로 더해진다. 그러나 흥분할 수 있는 막의 선형 행동에는 한계가 있다. 만약 음의 세포 퍼텐셜이 어떤 문턱 값을 넘어서면 탈분극하여 음의 퍼텐셜이 줄어들면서 불안정이 발생하여 양의 탈분극 펄스가 유발된다. 문턱 값은 축삭 둔덕에서 가장 작다. 그래서 양의 활동 퍼텐셜(AP: action potential)이 발생하는 곳이 이곳이다. AP는 수 밀리초의 지속 시간을 갖는 전기 펄스이고 시냅스 뒤쪽 퍼텐셜보다 상당히 진폭이 크다. 그것의 전파 속력은 피층 조직에 있는 회색질의 축삭돌기에서는 0.3m/s이고 미엘린이 덮인 백질의 섬유와 원심성 신경에서는 130m/s에 이른다. AP를 발생시키는 과정은 수상돌기로 되돌아가는 펄스를 만들어 낼 수 있다. 이러한 되먹임 과정은 학습 과정과 관련된다. 살아 있는 신경 섬유에 미세 전극을 삽입함으로써 펄스를 증폭하여 그것을 소리 신호로 전환하면 신경 섬유의 기능을 나타내는 끽끽거리는 특징적인 소리를 스피커에서 들을 수 있다. 실용적인 목적으로는 전기 펄스를 시간의 함수로 디지털 방식이나 그래프로 기록한다. 그 진동수와 시간상 분포는 단일한 뉴런의 수준에서 구현한 신경 정보의 물리적 표현에 해당한다.

인간의 뇌에서 축삭돌기는 수천 개의 다른 뉴런과 시냅스 접촉을 하고 있다. 역으로 하나의 뉴런은 수천 개의 다른 세포에서 뻗어 오는 축삭돌기와 연결되어 있을 수 있다. 단일한 뉴런이 양이든 음이든 펄스를 다른 뉴런으로 보낼 수 있다. 활성화된 이후에 뉴런은 회복기를 가지며 이 기간 동안에는 다시 흥분되지 않거나 더 높은 문턱을 갖게 된다. 어떤 뉴런이 출력 신호를 방출하느냐 않느냐는 짧은 시간 동안 시냅스 앞쪽의 뉴런이 발생시킨 EPSP와 IPSP의 공간적·시간적 분포에 의해 결정된다. 이것이 뉴런이 종종 신경계의 기본 계산 단위라고 불리는 이유이다. 한편 입력 신호가 없는데도 특징적인 속력으로 자발적으로 AP를 방출하는 뉴런도 많다. 자발적으로 방출하는 뉴런은 수십 헤르츠에 이르는 평균 진동수로 출력을 내놓기도 한다. 그런 뉴런에서 신경 신호를 구성하는 것은 자발적으로 방출하는 빠르기의 변화이다.

전기 신호는 뉴런에서 발생하기만 하는 것이 아니라 어떤 종류의 수용기 세포에서도 발생한다. 그 경우에 어떤 물리적 작인이 전기 퍼텐셜을 촉발시킨다. 망막의 간상 세포와 원추 세포에서는 빛 입자인 광자가, 기저막에서는 유모 세포의 첨단에 작용하는 휘게 하는 힘이 그런 작인이 된다. 이런 세포들은 '유사 뉴런'이라고 불리는데, 환경과 몸의 정보를 주변부에서 중심부로 보내는 말단 입력기의 역할을 한다. 이러한 연쇄에서 출력의 말단에는 특별한 시냅스가 소위 운동 뉴런의 축삭돌기와 근육, 분비샘, 혈관 등의 안에 있는 근육 섬유 사이에 존재한다. 이러한 시냅스들은 활성화되면 운동 단백질의 수축을 유발하여 이런 섬유들이 수축하게 된다.

정리하자면 신경계에는 정보 처리의 세 공간 영역이 존재한다. 뉴런은 미시적 영역의 기본 처리 단위이다. 중간 수준에서는 제한된 수의 뉴런의 집단이 서로 연결되어 특수한 임무를 수행한다. 가령, 눈의 망막 네트워크에서는 뉴런의 집단이 운동 감지기로 일한다. 대뇌 피질의 감각 수용 구역에서는 수십만 개의 뉴런의 집단이 망막, 기저막, 피부 등의 자극 영역에서 온 정보를 받아들이는 협동적 단위로 기능한다. 거시 영역은 뇌 전체로서 10^{11}개의 뉴런이 10^{13}~10^{14}개의 시냅스 연결을 가지고 있다.

중간이나 거시 수준에서는 신경계에서 정보를 나타내는 두 가지 방식이 있다. 하나는 신경 네트워크의 전기 펄스의 공간적·시간적 분포에 의거하는 것이다. 이것은 뇌의 일시적 상태나 작동 상태를 나타낸다. 다른 하나는 시냅스의 공간적 분포와 시냅스의 효율성, 즉 시냅스 구조(synaptic architecture)라고 부르는 것에 의거하는 것이다. 후자의 방식은 신경 네트워크의 내부 상태, 즉 실제 하드웨어를 나타내는 것이다. 거시적 수준에서 첫 번째 방식은 0.1초의 시간 규모로 변하는 복잡한 패턴이고 가장 간단한 정보 처리 임무에도 수백만 개의 뉴런을 포함한다. 두 번째 방식은 일정하거나 학습 경험 동안에 서서히 변하는 공간상의 패턴을 나타낸다. 신경계에는 소프트웨어에 해당하는 것이 없다. 프로그램이나 작동 명령은 시냅스 구조인 신경 하드웨어의 변화하는 구성 안에 내재해 있다. 뉴런과 뉴런의 연결은 현미경으로야 관찰될 수 있고 시냅스의 성장이 실시간으로 관찰되기도 하지만 시냅스의 구성에 대한 통계적 결과만이 얻어질 수 있다. 뇌 조직의 시냅스 밀도에 대한 정량적 연구 결과, 도전적인 환경에서 자란 쥐는 따분한 환경에서 자란 쥐보다 축삭돌기와 수상돌기의 연결이 더 많다는 것이 알려졌다.

이러한 신경계에 대한 전반적인 지식은 신경계가 어떻게 음향학적 진동 패턴에 대한 정보를 모으고 암호화하는지를 이해하는 데 토대가 될 것이다. 특정한 진동수를 갖는 단일한 단순음의 음향학적 신호가 귀에 도달할 때 기저막 진동은 공명 구역에 있는 해당 진동수를 담당하는 유모 세포를 자극한다. 사람에게는 이 감각 단위로 4,000개의 안쪽 유모 세포 1열과 12,000개의 바깥쪽 유모 세포 3열이 존재한다. 유모 세포의 끝이 어떤 방향으로 휘어지면 전기 펄스가 감각 세포와 시냅스 접촉을 하고 있는 신경절 뉴런에서 촉발된다. 이 뉴런들의 축삭돌기가 청신경의 구심성 섬유, 즉 귀에서 중앙 신경계로 향하는 신호를 전달하는 섬유를 형성한다. 축삭돌기의 활동 퍼텐셜들이 기저막의 운동에 대하여 디지털로 암호화된 정보를 집단적으로 중앙 신경계로 운반한다.

단일한 신경 섬유가 하나의 유모 세포와만 접촉하여 기저막의 극히 제한된 구역으로부터 메시지를 받아들이는 반면에 바깥

열과 닿아 있는 구심성 신경 섬유는 수 밀리미터에 걸쳐 퍼져 있는 10 내지 50개의 감각 단위와 접촉하여 훨씬 더 넓은 공명 진동수 영역에서 정보를 모을 수 있다. 안쪽 열의 유모 세포에 연결된 뉴런의 반응은 흥분성인 반면, 바깥 열의 유모 세포에 연결된 뉴런의 반응은 억제성이다. 안쪽의 유모 세포는 기저막 운동의 속도에 반응한다. 이들 유모 세포의 끝이 휘어지는 정도는 주위에 있는 내림프액의 속도에 비례한다. 이는 유체역학적으로 점성이 있는 유체 속에 잠긴 장애물에 작용하는 힘은 유체의 유속에 비례하기 때문이다. 반면에 바깥쪽 유모 세포는 변위를 신호로 감지한다. 이들 유모 세포의 끝은 덮개막에 닿아 있다. 상호적인 역학적 힘은 달팽이관 구획의 순간적인 왜곡에 의존한다. 청세포의 구심성 섬유의 95%가 안쪽 유모 세포에 연결되어 있다는 사실은 우선적인 감각 수용기의 역할을 안쪽 열에 부여한다. 반면에 바깥쪽 유모 세포는 중앙 신경계로부터 오는 신경 펄스를 전달하는 원심성 섬유의 끝에 닿아 있다. 이러한 사실과, 바깥쪽 유모 세포가 놀랍도록 운동성이 좋다는 것이 이 세포들에게 수용기와 효과기의 역할을 할당한다. 각 종류의 유모 세포는 소리 신호 변환에서 매우 독특한 역할을 하지만 바깥쪽 유모 세포가 손상되면 안쪽 유모 세포들이 온전한데도 청취 능력에 장애가 초래되는 것으로 보아 두 유형이 함께 일하는 것은 확실하다.

지금까지 설명한 신경 과정은 변두리에 해당하는 달팽이관에 연결된 신경에서 일어나는 작용이다. 이렇게 발생한 활동 전위는 시냅스 연결을 통해 여러 개의 뉴런을 거쳐서 대뇌의 청각 피질까지 연결된다. 청각 피질에서 일어나는 지각 과정은 중앙 신경계의 과정을 통하여 처리된다. 청신경의 신경 섬유는 두 종류의 정보 전달을 수행할 수 있다. 하나는 그 신경 섬유가 연결된 기저막 부위가 활성화되었다는 사실을 알려 주는 것이다. 이것은 활성화된 신경 섬유의 공간적 분포로부터 1차 음고에 대한 정보를 암호화하는 것이다. 여기에서는 단순음의 진동수에 대한 정보가 포함되는데, 일반적인 복합음에서는 단순음이 중첩되어 있으므로 임계 대역 이상으로 떨어져 있는 진동수에 대해서는 정보가 제대로 전달된다. 또 다른 종류의 정보 전달은 시간 단서를 이용하는 것으로, 전기 펄스의 시간적 분포를 근거로 하여 진동의 반복 주기와 진동 패턴에 대한 정보를 신경 섬유를 통해 전달하는 것이다. 이러한 정보 전달은 1,500Hz 이하의 낮은 음고에 대해서만 일어난다. 그리고 이러한 전기 펄스의 시간적 분포는 단일한 단순음의 음고를 지각하는 데에는 사용되지 않는다. 단순음의 지각과는 달리 2차 맥놀이나 기본음 추적은 자극의 진동 패턴의 시간상의 미세 구조를 분석하는 메커니즘을 가정하지 않으면 설명하기 어렵다. 2차 맥놀이에서 계속해서 바뀌는 위상차로 인해 두 성분음의 간격이 계속 바뀌게 되는데, 이러한 사실에 대한 감각을 통해 2차 맥놀이에 대한 지각이 이루어질 것이다.

이와 연관되어 있는 또 하나의 메커니즘이 소리의 방향 지각 또는 입체 음향 지각이다. 뇌에는 양쪽 귀의 달팽이관에 도달하는 소리 신호의 시차를 감지하는 신경 신호의 시간 비교 과정이 존재한다. 얼마 전에 내측상 올리브(medial superior olive)에 그러한 메커니즘을 담당하는 기관이 있음이 발견되었다. 이 기관의 작동에 대한 단순화된 모형은 왼쪽 귀에 도달하는 신경 신호와 오른쪽 귀에 도달하는 신경 신호가 죽 늘어선 감지기 중 어느 것에 동시에 도달하는지를 감지하여 전기 펄스를 출력함으로써 어느 정도 시차가 발생하는지를 알아차리도록 되어 있다. 만약 정중앙의 감지기가 출력을 한다면 양쪽 달팽이관에 음파가 동시에 도달하여 같은 길이의 신경 전달 경로를 거쳐서 동시에 정중앙의 감지기에 두 전기 펄스가 도착했음을 의미한다. 만약 오른쪽 귀에 소리가 먼저 도달한다면 오른쪽 달팽이관에서 출발한 전기 펄스가 먼저 이 기관에 도달함으로써 중앙의 감지기를 지나 왼쪽으로 치우친 감지기에서 왼쪽 달팽이관으로부터 지연되어 출발한 전기 펄스와 만나게 된다. 이렇게 시간의 지연이 위치의 분포로 변환되어 나타나게 된다. 이러한 작동을 통해 인간은 20마이크로초(2×10^{-5}초)보다 짧은 시간 간격(위상차)을 감지할 수 있는데, 이는 활동 전위의 지속 시간에 비하면 매우 짧은 시간이다. 이러한 시간차에 대한 감각으로부터 뇌는 음원의 방향이 오른쪽이든 왼쪽이든 치우쳐 있음을 인지한다. 그 시간 차이가 커질수록 음원의 방향은 정중앙에서 더 큰 각도로 벗어나 있다. 만약 잘못 조율된 협화음을 이루는 두 음이 양쪽 귀에 따로따로 들어온다면 위상차가 계속 변하기 때문에 이 감지기의 작동은 소리의 방향이 계속해서 바뀌는 느낌을 뇌에 일으킨다. 헤드폰으로 양쪽 귀에서 2차 맥놀이를 일으키는 두 음을 따로 듣게 되면 머릿속에서 음원이 회전하는 듯한 묘한 느낌이 생기는 것도 이 때문이다.

제3장
음량의 지각

3

음량의 지각

어떤 소리는 시끄럽고 어떤 소리는 조용하다. 시끄러운 소리는 에너지가 크고 조용한 소리는 에너지가 작다. 소리의 에너지는 어떻게 시끄럽다는 감각으로 이어지는 것일까? 시끄러운 정도에 따라 에너지의 양에는 어떠한 차이가 있는 것일까? 이 장에서는 멀리서 들려오는 소리의 에너지가 어떻게 귀에서 음량(loudness)으로 감지되는지를 살펴보겠다.

1. 탄성파의 에너지

소리가 매질을 통해 전파될 때 매질의 점들은 진동한다. 소리가 전혀 없고 다른 교란의 원인이 없다면 매질의 각 점은 정지해 있고 매질에 뭔가를 해 주기 전에는 계속 정지해 있다. 여기에서 매질의 점은 여전히 거시적인 의미에서의 점이라 부피를 갖는다. 실제로는 엄청나게 많은 공기 분자가 그 점에 존재할 것이다. 매질이 교란되지 않았을 때 매질의 주어진 점의 공간상의 위치는 그 점의 평형 위치라고 부른다. 음파는 탄성을 갖는 매질을 통해서 전달되므로 탄성파의 일종이다. 탄성을 갖는 고무막이 수평으로 펼쳐져 있다고 가정해 보자. 여기에서 매질은 고무막이 된다. 고무막의 중앙에 구슬을 떨어뜨려 보자. 구슬이 고무막에 변형을 일으키고 구슬이 튕겨져 올라옴과 동시에 고무막도 함께 위로 솟구치고 그 주변에 진동이 전달되는 것을 볼 수 있다. 이와 같은 일이 공기 중에서도 발생한다. 공기 자체가 고무막처럼 탄성을 갖기 때문이다. 탄성이란 변형이 일어나면 그 변형을 없애는 방향으로 운동을 일으키는 성질을 말한다. 탄성의 일상적인 용법은 물리적인 용법과는 정반대이다. 우리는 고무줄과 철사 줄 중에서 고무줄이 철사 줄보다 탄성이 크다고 말한다. 같은 힘을 주었을 때 고무줄은 잘 늘어났다가 힘을 없애면 원래대로 돌아가지만 철사 줄에서는 같은 일을 일으키기가 쉽지 않기 때문이다. 철사 줄도 탄성의 한계 범위에서는 늘어났다가 원래대로 돌아간다. 이때 철사 줄을 늘이기 위해서는 고무줄을 늘일 때에 비해 더 강한 힘을 주어야 한다. 그런 점에서 철사 줄은 고무줄보다 탄성이 더 크다고 할 수 있다. 탄성 계수란 사물의 탄성을 나타내는 척도로, 탄성 계수가 크다는 것은 탄성체에 같은 힘을 주었을 때 변형이 더 적게 일어난다는 뜻이다.

그런 점에서 철사 줄의 탄성 계수가 고무줄의 탄성 계수보다 크고 철사 줄의 탄성이 고무줄의 탄성보다 크다고 말하는 것이 옳다. 딱딱한 의자가 푹신한 소파보다 큰 탄성을 갖는 것이다.

매질의 어떤 위치에서 갑작스러운 변형이 발생하면 탄성력이 변형 부위에 가까운 점들을 움직이게 한다. 그다음에는 이 점들이 이웃하는 점들에 탄성력을 작용하여 그 점들을 당기거나 밀어서 움직이게 한다. 이런 방식이 연이어 일어나면서 교란이 주변으로 퍼져 나간다. 이러한 '연쇄 반응'은 최초 교란 위치에서 다른 곳으로 퍼져나가는 탄성파를 일으킨다. 이 파동과 함께 퍼져 나가는 것은 매질이 아니라 에너지이다. 에너지는 탄성파가 도달하는 점이 운동하게 만드는 데 필요하다. 음악을 만들어 내는 음파는 점들이 주기적인 운동을 하게 만드는 탄성파이다. 매질이 진동할 때 매질의 각 점은 항상 평형 위치 근처에 머물러 있다. 음파는 균질한 매질에서 음원으로부터 관찰자에게 직선으로 일정한 속력으로 전달된다. 그러다가 장애물을 만나면 반사되거나 회절하거나 흡수된다.

매질의 점이 평형 위치에서 진동할 때 매질의 탄성 때문에 복원력을 받는다. 이때 복원력은 변형이 일어났을 때 변형을 없애려는 방향으로 작용하는 힘을 말한다. 탄성을 갖는 물체는 복원력 때문에 원래의 상태로 돌아가려는 경향을 갖는다. 그러므로 탄성력은 복원력의 특성을 갖는다. 당겨진 용수철이 줄어들려 하고 압축된 용수철이 늘어나려고 하는 경향을 갖는 것은 복원력 때문이다. 에너지 차원에서 고려할 때 물체에 힘이 작용하는 가운데 힘의 방향으로 물체의 운동이 일어나면 물체에 일을 해 주게 되는데, 일을 받는 물체는 받는 일만큼 에너지가 증가하게 된다. 평형 위치에서 벗어난 매질의 질점이 복원력을 받아 운동을 시작하면 복원력이 해 준 일 때문에 운동 에너지가 증가한다. 운동 에너지는 질량과 속도의 제곱을 곱한 값을 2로 나눈 값에 해당한다. 즉, 매질을 구성하는 질점의 질량에 그 질점의 속력의 제곱을 곱한 값에 비례한다. 그러므로 매질을 구성하는 질점의 속력이 빨라짐으로써 그 질점의 운동 에너지는 증가한다. 이렇게 운동하는 질점은 평형 위치를 지나게 되는데, 이때 평형 위치에서 가장 큰 속력을 갖게 되므로 최대 운동 에너지가 나타난다. 평형 위치를 지난 질점은 복원력을 평형 위치를 향하여 받으면서 반대 방향으로 운동하기 때문에 복원력이 질점에 해 주는 일은 음(-)의 값이 되어 질점의 운동 에너지는 줄어들게 된다. 한편 복원력은 그 자체가 퍼텐셜 에너지의 형태로 표현될 수 있다. 복원력은 변위에 비례하여 증가하지만 퍼텐셜 에너지는 변위의 제곱에 비례하여 증가한다. 그리하여 운동 에너지가 최대가 되는 평형 위치에서는 변위가 0이 되기 때문에 퍼텐셜 에너지도 0이 되고 변위의 최대 위치에서는 운동 에너지가 최소가 되는 반면에 퍼텐셜 에너지는 최대가 된다. 결과적으로 매질의 특정한 질점은 변위에 상관없이 운동 에너지와 퍼텐셜 에너지의 합이 일정하다. 위 두 에너지의 합을 역학적 에너지라고 부르며,

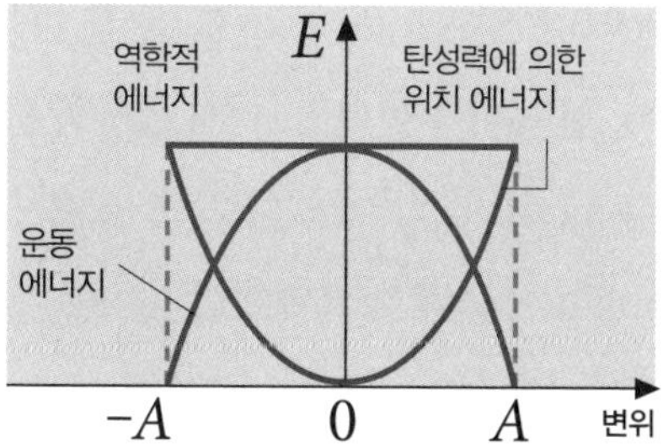

그림 3-1 역학적 에너지 보존

이를 소모시키는 외력이 없으면 역학적 에너지는 보존된다는 것이 역학적 에너지 보존 법칙이다**그림 3-1**.

탄성파의 전달은 매질의 한 점이 진동하면 그 진동이 인근의 다른 점의 진동을 유발하는 방식으로 이루어진다. 이렇게 인근의 다른 점의 진동을 유발하면 에너지가 다른 점으로 이동하기 때문에 원래의 점의 진동 에너지는 줄어들 수밖에 없다. 그 결과로 진폭은 줄어들고 진동은 점점 느려져 멈추게 된다. 그런데 특정한 점의 진동을 지속적으로 유지시키는 에너지 공급이 이루어지면 진동이 느려지는 것을 막을 수 있고 일정한 진폭과 최대 진동 속력을 유지하는 방식으로 주변에도 지속적으로 에너지를 전달해 줄 수 있다. 스피커가 계속 진동하면 음파가 계속 스피커에서 흘러나올 수 있는 것도 이 때문이다. 스피커의 진동은 지속적인 전기 에너지의 공급으로 유지될 수 있다. 그러므로 스피커는 주어진 비율로 음파의 에너지를 공기 중으로 전달할 수 있다. 이렇게 단위 시간당 전달하는 에너지를 '일률'이라 하고, 특별히 단위 시간당 전달하는 전기 에너지를 '전력'이라 한다. 그래서 일률과 전력에 해당하는 영어 단어는 모두 'power'이다. 우리가 흔히 스피커의 성능을 말할 때 '몇 와트'라는 말을 쓰는데 여기에서 와트(W)는 전력(일률)의 단위이다. 그러므로 단위 시간당 공기로 전달할 수 있는 최대 에너지가 클수록 성능이 좋은 스피커라고 말할 수 있다. 우리가 계단을 오를 때에 우리는 대략 300와트의 일률로 일하고, 다리미는 약 1,000와트의 전력을 소모하며, 소형차 엔진의 최대 출력은 3만 와트에 달한다. 반면에 가장 강하게 연주하는 트롬본은 약 6와트의 일률로 소리 에너지를 공기로 전달한다.

이렇게 우리가 악기를 연주할 때 공기 중으로 전달되는 에너지가 모든 방향으로 퍼져 나가기 때문에 거리가 멀어질수록 단위 면적의 고막에 도달하는 에너지는 급격하게 줄어든다. 장애물이 없다면 통상적으로 거리의 제곱에 반비례하여 단위 면적의 평면에 도달하는 에너지는 줄어든다. 보통 소리의 세기라고 말할 때에는 단위 면적당 전달되는 일률을 말한다. 그러므로 소리의 세기는 W/m^2의 단위로 표현된다. 소리의 세기는 음량(loudness)과 직접 연결된다. 음원에서 발생하는 소리가 모든 방향으로 퍼져 나간다면 음파의 파면은 구가 되는데, 구의 표면적은 구의 반지름의 제곱에 비례하므로 같은 에너지의 음파가 퍼져 나가면 소리 에너지는 거리의

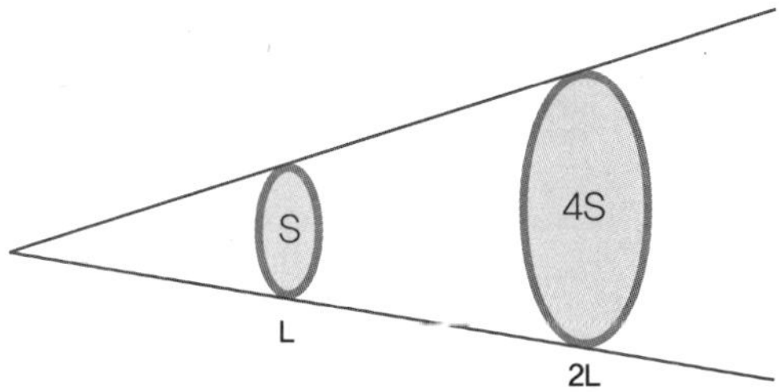

그림 3-2 거리가 2배 멀어지면 표면적은 4배 늘어난다.

제곱에 반비례하여 줄어든다그림 3-2.[1]

특정한 위치에서 시작된 공기의 진동이 주변으로 퍼져 나갈 때에는 매질의 진동 방향과 파동의 진행 방향이 평행한 종파를 형성한다. 종파는 소밀파라고도 하는데, 매질의 한 점이 평형 위치에서 파동의 진행 방향과 평행하게 진동하고 매질의 탄성에 의해 그 점이 운동하는 방향으로 배열된 다른 점들이 같은 방향으로 운동하게 되면 그 운동이 퍼져 나간다. 이는 마치 긴 용수철의 한쪽을 용수철의 길이 방향으로 진동시키면 그 진동이 용수철을 따라서 퍼져 나가는 것과 같다. 이 과정에서 용수철에는 수축이 일어난 부위와 팽창이 일어난 부위가 번갈아 나타난다. 수축이 일어난 부위를 '밀하다'고 하고 팽창이 일어난 부위를 '소하다'고 하니 소밀파라는 말이 잘 들어맞는다. 이와 마찬가지로 공기 중에서 음파가 퍼

1 Juan Roederer, *The Physics and Psychophysics of Music: An Introduction*(London: Springer, 2008), p. 89.

그림 3-3 소리굽쇠가 만드는 소밀파
출전: Broadhouse, *Musical Acoustics*, p. 64.

져 나갈 때에도 공기 입자들이 몰려 밀한 부분과 공기 입자들이 멀어져 소한 부분이 나타난다. 밀한 부분은 음원에서 시작하여 점차 모든 방향으로 퍼져 나간다. 뒤이어 소한 부분이 그 뒤를 따르고 다시 밀한 부분이 그 뒤를 따르는 방식으로 음파가 음원에서 퍼져 나간다그림 3-3.

밀한 부분과 소한 부분이 번갈아 퍼져 나가는 것을 묘사하기 위하여 압력 진동을 다룰 필요가 있다. 압력은 단위 면적에 작용하는 힘을 말한다. 가령, 사방 1미터인 정사각형에 1N(뉴턴)의 힘이 작용한다면 이는 1Pa(파스칼)의 압력에 해당한다. 같은 힘이 넓이가 2배인 면에 작용한다면 이는 0.5Pa의 압력에 해당한다. 풍선에 공기가 채워져 있다면 공기는 그 풍선의 모든 면에 대하여 같은 압력을 작용한다. 풍선의 면은 곡면이지만 작은 정사각형을 표면에 상정하고 거기에 미치는 힘을 계산하면 그 작은 정사각형이 위치한 지점의 압력을 알 수 있다. 이런 공기의 압력 때문에 풍선은 빵빵

한 상태를 유지할 수 있다. 공기는 지구를 둘러싸고 있는데 위로 갈수록 점점 밀도가 희박해진다. 공기도 무게가 있기 때문에 쌓이면 아래쪽의 공기는 위에 있는 공기에 비하여 더 많은 무게를 받게 된다. 그리하여 지표 근처의 공기의 압력은 상당하다. 우리가 지표 근처에서 주사기의 끝을 막고 주사기의 피스톤을 당기면 잘 당겨지지 않는 것을 느낄 수 있다. 주사기의 실린더의 단면적은 불과 $2cm^2$ 정도에 불과한데 지표면에서 평균 기압은 1,013hPa(헥토파스칼)에 달한다. 헥토파스칼은 100파스칼을 의미한다. 1,013hPa은 10미터의 물기둥을 유지할 수 있는 압력에 해당한다. 피스톤에 미치는 힘을 계산해 보면 압력과 면적을 곱하여 힘을 구할 수 있으므로 $101300Pa \times 2 \times (10^{-2}m)^2 = 20.26N$이 나온다. 1kg의 물체의 무게가 9.8N의 힘에 해당하므로 2kg보다 무거운 물체를 들어 올릴 때의 힘이 피스톤을 당기는 데 필요하다는 뜻이 된다.

소리는 대기층에 압력 진동을 일으켜 압력이 높은 부위와 낮은 부위가 번갈아 나타나면서 음원에서 점점 멀어져 간다. 압력 진동은 점의 진동과 같은 주기와 진동수를 갖지만 위상은 90도(2분의 1 주기)가 어긋나 있는 형태로 나아간다. 가령, 점의 변위가 최대이거나 최소인 점에서는 압력 변위가 0이 되고, 점의 변위가 0인 점에서는 압력 변위가 최대이거나 최소가 된다. 기체 속에서 음파의 속력은 일반적으로 $\sqrt{p/\rho}$로 구할 수 있다. 여기에서 p는 매질의 압력이고 ρ는 매질의 밀도이다. 기체 매질의 압력이 커질수록 기체 탄성은 더 커지므로 압력은 분자에 있게 되고, 기체 매질의 밀도가 커질수록 움직여야 하는 기체 입자는 무거워지므로 밀도는 분모에 있게 된다. 이상적인 기체에서 p/ρ는 기체의 절대온도에 정비례하므로 기체 속에서 음속은 온도가 올라갈수록 빨라진다. 이것은 공기 중에서 식으로 $20.1\sqrt{t_A}$로 표현된다. 여기에서 t_A는 절대온도이다. 이에 따르면 공기 중에서 음속은 0℃에서는 332m/s이고 15℃에서는 341m/s이다.

2.
소리의 세기: 음량과 데시벨

탄성파의 전파는 달팽이관 속의 기저막에서도 이루어진다. 기저막에서 탄성파의 전파는 청각을 이해하는 데 핵심적이다. 음파는 종파로 귀의 고막까지 전달되지만 이러한 고막까지의 에너지 전달은 고막을 거쳐서 청소골을 거쳐서 난원창을 거쳐서 달팽이관 안의 림프액의 진동으로 이어진다. 결국, 음파의 압력 진동이 달팽이관 속의 림프액의 압력 진동으로 전달된다. 평균 압력 진폭은 음량과 연결된다. 우리가 소리를 크거나 작다고 인식하는 것은 소리의 압력 진폭이 다른 것을 인식하는 것이다. 사람에게는 소리의 크기를 인식하는 데 상한과 하한이 있다. 상한을 넘으면 소리가 너무 커서 고통을 느끼고 하한을 넘으면 소리가 너무 작아서 들리지 않는다. 특별히 하한을 문턱 세기(threshold intensity)라고 부른다. 소리 세기의 상한과 하한은 사람마다 차이가 있을 뿐 아니라 진동수에 따라 달라진다. 일반적으로 1,000Hz의 소리에서 상한과 하한은 가장 간격이 크다. 상한은 $1W/m^2$이고 하한은 $10^{-12}W/m^2$ 언저리이다. 즉 하한에 비하여 상한이 1조 배 강하다. 사람의 귀는 이렇게나 세기 감각의 폭이 넓다. 일반적으로 음악에서 관심을 갖는 소리의 세기 범위는 1,000Hz에서 $10^{-9}W/m^2$과 10^{-3} W/m^2 사이이다. 이것도 1,000만 배에 이르는 소리 세기의 범위이다. 오케스트라가 가장 큰 소리를 낼 때는 아주 작은 악기 소리에 비해 1,000만 배나 많은 에너지를 전달해 주고 있는 것이다.

사람에게 있어서 중요한 것은 소리의 세기에 차이가 있음을 인지하는 것이다. 소리의 세기 차이에도 식별역(difference limen)이 존재한다. 가까스로 감지할 수 있는 차이를 의미하는 식별역은 식별이 가능한 최소 차이를 의미한다. 소리의 세기에서 식별역은 소리의 세기에 비례한다. 다시 말하면 강한 소리에서는 식별역이 크고 약한 소리에서는 식별역이 작다. 이렇게 사람이 감지할 수 있는 소리 세기의 범위가 넓은 데다 소리 세기의 식별역이 소리 세기에 비례하다 보니 W/m^2과 같은 단위는 우리의 감각과 잘 일치하지 않는다. 사람이 느끼는 세기의 차이를 숫자로 표현할 수 있는 단위가 필요해진다. 게다가 넓은 범위를 좁혀서 표현해 줄 수 있는 방법이 필요하다. 또한 소리 세기의 절댓값보다는 겨우 들을 수 있는 세기를 기준으로 삼아 세기를 상대적인 값으로 표현하기에 용이한 방법이 필요하다. 가령, 음악에서 겨우 들을 수 있는 소리를 10^{-12}W/m^{2}을 기준으로 삼을 때 가장 작은 악기 소리인 *ppp*(피아노-피아니시모)는 10^{-9}W/m^2, *pp*(피아니시모)는 10^{-8}W/m^2, *p*(피아노)는 10^{-7}W/m^2, *f*(포르테)는 10^{-5}W/m^2, *ff*(포르티시모)는 10^{-4}W/m^2, *fff*(포르테-포르티시모)는 10^{-3}W/m^{2}의 세기를 갖는다. 1W/m^{2}은 귀에 고통을 유발하는 세기이다. 이러한 세기 표현에서 W/m^{2}의 세기 값을 표현하는 데 10의 지수가 의미 있는 소리 세기 차이를 나타내 주는 것을 확인할 수 있다. 그러므로 W/m^{2}을 단위로 표현된 값의 상용로그를 취함으로써 10의 지수를 전면으로 드러나게 할 수 있다. 가령, 10의 상용로그는 1, 100의 상용로그는 2, 1000의 상용로그는 3이다. 1의 상용로그는 0, 1/10의 상용로그는 −1, 1/100의 상용로그는 −2, 1/1000의 상용로그는 −3이다. 이것들을 다음과 같은 기호로 표현한다. log10=1, log100=2, log1000=3, log1=0, log(1/10)=−1, log(1/100)=−2, log(1/1000)=−3. 그리하여 '소리 세기 수준'이라는 새로운 물리량을 다음과 같이 정의한다.

$$\mathrm{IL} = 10\log\frac{I}{I_0}$$

여기에서 I는 소리의 세기, I_0는 소리 세기의 하한 즉 I_0=10^{-12}W/m^{2}이다. 소리 세기 수준의 단위는 dB(데시벨)이다. 그러므로 겨우 들을 수 있는 소리는 0dB에 해당하고 고통을 유발할 정도로 큰 소리는 120dB에 해당한다. 그러므로 사람이 들을 수 있는 소리는 0~120dB의 범위에 있게 되는데, 소리의 수준이 10dB 올라갈 때마다 단위 시간당 소리가 전달하는 에너지(소리의 세기)는 10배씩 올라간다. 3데시벨의 소리 수준의 차이는 2배의 소리의 세기(에너지) 차이에 해당한다. 앞서 제시한 음악에서 사용하는 세기 기호에 따른 소리 세기 수준은, *ppp*(피아노-피아니시모)는 30dB, *pp*(피아니시모)는 40dB, *p*(피아노)는 50dB, *f*(포르테)는 70dB, *ff*(포르티시모)는 80dB, *fff*(포르테-포르티시모)는 90dB로 표현된다. 그러므로 음악에서 사용하는 소리의 세기 수준은 30~90dB 사이에 있음을 알 수 있다. 그 평균값은 60dB 정도이다.[2]

소리 세기 수준에 대한 논의를 압력에 대한 논의로 바꾸어 보자. 소리의 세기는 평균 압력 변이(average pressure variation) $\triangle p$로 표현할 수 있다. 가장 작은 소리에 해당하는 하한에서 평균 압력 변이 $\triangle p_0$는 2×10^{-5}N/m^{2}이다. 즉, 20μPa(마이크로파스칼)이다. 소리의 세기 I는 일반적으로 평균 압력 변이 $\triangle p$의 제곱에 비례하므로

$$\mathrm{IL} = 10\log\frac{I}{I_0} = 10\log\left(\frac{\triangle p}{\triangle p_0}\right)^2 = 10 \times 2\log\frac{\triangle p}{\triangle p_0} = 20\log\frac{\triangle p}{\triangle p_0}$$

2 Roederer, *The Physics and Psychophysics of Music*, p. 95.

이다. 그리하여 평균 압력 변이를 사용하여 나타낸 '소리 세기 수준'을 '음압 수준'(sound pressure level)이라 부르고

$$\mathrm{SPL} = 20 \log \frac{\triangle p}{\triangle p_0}$$

로 정의한다. 그러므로 소리 세기 수준(IL)이나 음압 수준(SPL)이나 모두 같은 값이지만 전자는 소리 세기로부터, 후자는 평균 압력 변이로부터 구할 수 있는 값이다.[3] 이러한 차이는 움직이는 음파에서는 드러나지 않지만 움직이지 않는 음파에서는 에너지 흐름이 없기 때문에 IL은 의미를 잃는 반면 평균 압력 변이는 여전히 유효하다는 점에서 두드러진다. 그리하여 오르간 파이프 안에 갇힌 정상파의 경우에 IL은 논의하기 어려우나 SPL은 여전히 논의가 가능하다. 그렇기 때문에 후자가 전자보다 더 널리 쓰인다. 여기에서 주목할 것은 같은 SPL을 갖더라도 진동수가 다른 소리는 다른 시끄러운 정도(loudness)를 갖는다는 점이다. 가령 1,000Hz에서는 50dB의 SPL을 갖는 소리가 p(피아노)의 세기에 해당하지만 낮은 진동수의 범위로 가게 되면 더 큰 SPL의 값을 갖는 *f*(포르테)의 세기에 해당하는 소리여야 같은 정도의 시끄러움을 갖는다. 이런 이유 때문에 우리가 어떤 음악 소리가 나오는 음원에서 점점 멀어질수록 높

3 Roederer, *The Physics and Psychophysics of Music*, p. 96.

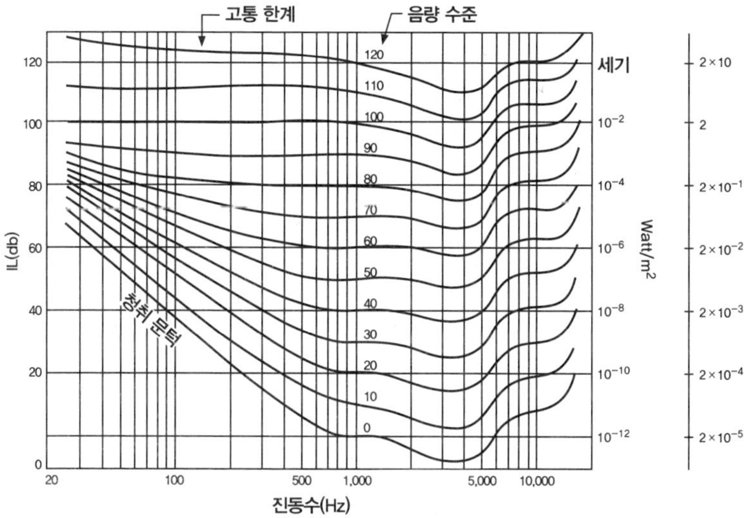

그림 3-4 진동수에 따른 등 음량 곡선

은 음에 비하여 낮은 음이 빨리 사라져서 높은 음을 갖는 음악으로 바뀌어 간다고 느끼게 되는 것이다. 일반적으로 진동수가 작아지면 소리의 세기를 감각하는 사람의 능력이 감퇴한다. 최대의 민감성은 3,000Hz 근처에서 달성된다^{그림 3-4}.[4]

이 그래프에서 하나의 곡선이 나타내는 것은 진동수가 다를 경우에 같은 음량을 느끼게 하는 다른 SPL이다. 이 값을 '음량 수준'(LL: loudness level)이라고 한다. 음량 수준의 단위는 '폰'(phon)을 사용

4 Roederer, *The Physics and Psychophysics of Music*, p. 98.

한다. 1,000Hz에서는 폰과 데시벨이 같은 값을 갖는다. 그렇지만 더 낮은 진동수인 80Hz에서 70dB의 SPL을 갖는 소리의 음량은 1,000Hz에서는 50dB의 SPL을 갖는 소리의 음량과 같다. 그러므로 80Hz에서 70dB의 음압 수준을 갖는 소리는 50폰의 음량 수준에 해당한다. 그런데 여기에서 주의할 점은 음량 수준이 여전히 심리적인 척도가 아니라 물리적인 척도라는 점이다. 같은 시끄러움을 주는 음압 수준을 나타내는 것이다. 40폰의 소리가 20폰의 소리보다 2배의 시끄러움을 주는 소리라고 할 수는 없기 때문이다. 이러한 주관적인 음량의 척도를 결정하기 위한 많은 연구가 수행되었다. 그리하여 주관적 음량을 나타내는 단위로 '손'(sone)이 도입되었다.[5] 10폰만큼 음량 수준을 높이면 주관적인 음량은 2배가 된다. 즉 10개의 악기가 같은 음을 동시에 연주하면 주관적인 음량은 10배가 아니라 대략 2배가 증가한 것으로 인지된다는 것이다. 소리의 세기 I와 주관적 음량 L 사이에 다음과 같은 단일한 관계가 성립한다고 알려져 있다.

$$L = C\sqrt[3]{I} \text{ (}C\text{: 비례 상수)}$$[6]

---

5 Diana Deutsch (ed.), *The Psychology of Music*(London: Academic Press, 1999), p. 99.
6 Roederer, *The Physics and Psychophysics of Music*, p. 99.

3.
중첩된 음파의 음량

진동수는 같지만 위상이 제각각인 한 개 이상의 소리가 함께 들릴 때 전체 소리의 세기는 $I=I_1+I_2+I_3+\cdots$로 주어진다. 이때 개별적인 음은 식별되지 않기 때문에 전체 음량은 같은 식에 의해 주어진다. 여기에서 전체 주관적인 음량 L은 개별적인 음량의 합 $L_1+L_2+L_3+\cdots$로 주어지지 않는 것이 확실하다.[7]

성분 음파가 각기 다른 진동수를 가질 경우에는 이와 다른 양상이 펼쳐진다. 이때 진동수들이 중심 진동수의 임계 대역(critical band) 안에 있을 경우에는 진동수가 같은 소리가 함께 울릴 때와 같이 전체 소리 세기 $I=I_1+I_2+I_3+\cdots$의 관계가 성립한다. 그러므로 주관적인 음량은 $L = C\sqrt[3]{I_1 + I_2 + I_3 + \cdots}$로 주어진다. 그러나 임계 대역 밖의 진동수들을 갖는 소리가 함께 울릴 경우에는 전체 주관적 음량은 단순한 세기의 합에서 구해지는 값보다 크다. 이 경우에는 전체 주관적 음량이 개별적인 음량의 합으로 주어져 $L=L_1+L_2+L_3+\cdots = C(\sqrt[3]{I_1}+\sqrt[3]{I_2}+\sqrt[3]{I_3}+\cdots)$이 성립한다. 그런데 예외적으로 진동수 차이가 매우 큰 여러 소리가 함께 울릴 때에는 이와 다른 양상이 펼쳐진다. 진동수 차이가 크다 보니 하나의 음으로

7 Roederer, *The Physics and Psychophysics of Music*, p. 90.

인식되지 않아 전체 음량이라는 감각조차 형성되지 않을 때가 있는 것이다. 이때에 합쳐진 음파의 주관적 음량은 개별 음량 L_1, L_2, L_3 … 중 가장 큰 값에 해당한다. 이는 마치 통증의 세기 감각과 유사하다. 피부를 꼬집을 때 이웃한 두 곳을 동시에 같은 세기로 꼬집으면 통증은 두 배로 강하게 느껴진다. 그렇지만 멀리 떨어진 두 곳을 동시에 꼬집으면 통증은 더해지지 않고 개별적으로 느껴진다. 그리하여 합성된 통증은 감각되기 어렵고 더 강한 통증에 감각이 집중된다.[8]

이 모두가 음악에 상당한 함의를 갖는다. 두 대의 트럼펫이 연주하는 음의 세기는 한 대의 트럼펫이 연주하는 음의 세기보다 두 배 강한 것이 아니라 1.3배 강할 뿐이다. 두 음이 반음 또는 온음 차이가 나면 두 음의 음고는 임계 대역 안에 있으므로 합쳐진 음의 세기는 1.3배에 이른다. 그러나 두 음이 장3도의 음정만큼 떨어져 있으면 임계 대역을 벗어나 있으므로 합성음의 세기는 1.3배를 넘어선다. 트럼펫은 개별 악기에서 음의 세기를 조절할 수 있는 반면, 파이프 오르간의 경우는 개별 파이프의 음의 세기 조절이 쉽지 않으므로 동시에 부는 파이프의 개수를 조절하는 방법을 흔히 사용한다. 소리의 세기를 크게 하는 효과적인 방법은 같은 음을 내는 파이프를 여러 개 확보하기보다는 파이프들이 한 옥타브, 두 옥타

8 Roederer, *The Physics and Psychophysics of Music*, p. 100.

브 등 여러 옥타브 차이가 나도록 음전(stop)을 사용하는 것이다. 음전은 파이프 안의 공기의 흐름을 차단함으로써 파이프가 내는 음의 음고를 높일 수 있는 장치이다.

소리의 세기 감각 문제를 다룰 때 관심을 갖게 되는 심리적 현상이 차폐(masking)이다. 일반적으로 차폐는 진동수가 다른 소리 사이에서 소리 세기의 감각을 변화시키는 현상이다. 19세기 미국의 음향학자인 메이어(Alfred Mayer)는 최초로 차폐 현상을 관찰하여 그 사실을 1876년에 학술 논문에서 서술하였다. 메이어는 두 종류의 시계 소리를 이용하여 낮은 음이 높은 음을 가려서 들리지 않게 하는 것을 보였다. 하나는 1초에 네 번 똑딱거리는 미국산 용수철 태엽 괘종시계였고, 다른 하나는 1초에 다섯 번 째깍거리는 독일산 랑게(Lange) 회중시계였다. 괘종시계는 몇 피트 떨어뜨려 두고 회중시계는 귀에 대었다. 이때 1초에 다섯 번 째깍거리는 소리 중 하나가 우연히 1초에 네 번 똑딱거리는 소리 중 하나와 완전히 겹치는 것을 확인하였다. 귀에 댄 회중시계를 귀에서 떼어 조금씩 멀어지게 하였더니 똑딱거리는 소리와 겹치는 째깍거리는 소리가 어느 순간부터 들리지 않았다. 이제 째깍거리는 소리는 1초에 네 번만 들렸다. 이런 현상은 똑딱거리는 소리가 째깍거리는 소리보다 진동수가 낮기 때문에 일어나는 현상임을 메이어는 제대로 인식하였다. 1894년에 메이어는 오케스트라가 음악을 연주할 때 낮은 음을 내는 목관악기들이 높은 음을 내는 현악기의 소리를 차폐하는

문제를 지적했다.[9]

이러한 차폐 현상이 일어나는 이유는, 달팽이관에서 높은 음에 공명하는 공명 구역은 입구인 난원창 근처에 있지만 낮은 음에 공명하는 공명 구역은 안쪽 깊숙이 존재한다는 사실과 연관되어 있다. 저음이 자신의 공명 구역까지 전달되기 위해서는 입구의 높은 음의 공명 구역 위에 있는 림프액을 진동시킴으로써 그곳에서 높은 음에 의해 일어나는 진동이 기저막의 코르티 기관에 전달되는 것을 방해하게 된다. 그렇지만 높은 음은 입구에서 감지되기 때문에 깊은 쪽에서 감지되는 낮은 음이 안쪽에서 감지되는 과정을 방해하지 않는다. 그렇지만 저음이라고 해서 모든 고음을 차폐할 수 있는 것은 아니다. 어느 정도의 세기를 확보하지 않으면 차폐음은 피차폐음을 완전히 차폐할 수 없다.[10]

차폐는 음악 연주에서 고려되어야 할 중요한 요소이다. 낮은 음을 내는 악기와 높은 음을 내는 악기가 함께 울릴 때에는 높은 음이 차폐되기 쉬우므로 낮은 음의 악기는 약하게, 높은 음의 악기는 강하게 연주하여야 높은 음이 들리게 된다. 그러므로 오케스트라의 지휘자는 청중에게 전달되는 악기의 소리들이 차폐에 의하여 어떻게 다른 조합으로 들리는지를 고려하여 악기들의 상대적인 세

---

9 구자현, 『앨프레드 메이어와 19세기 미국 음향학의 발전』(서울: 들녘, 2010), pp. 235-238.

10 이석원, 『음악음향학』(서울: 심설당, 2003), p. 260.

기를 조절하게 된다. 또한 컴퓨터 음악을 만드는 기술자는 악기의 소리를 배합할 때 물리적인 세기만을 동등하게 고려하는 것이 아니라 차폐에 의한 심리적 감각이 음악의 특성에 미치는 영향을 민감하게 고려하여 음악을 만들어야 한다.

음량은 물리적 효과가 아니라 심리적 효과로 인정되어야 한다. 물리적으로는 진폭의 제곱이 소리의 세기를 결정짓지만 귀에 들리는 소리가 얼마나 큰가는 다른 문제이다. 물리적으로 진폭이 큰 소리가 고막에 전달되면 고막의 진폭이 커지고 청소골의 진동 또한 커진다. 이것은 난원창을 크게 진동하게 만들어 달팽이관 안의 림프액의 출렁임을 크게 일으킨다. 이때 림프액의 진동 방식은 단진동의 합으로 분해할 수 있는 복합 진동이다. 이러한 복합 진동을 단진동으로 분해하여 감지하는 것은 공간적으로 펼쳐져 있는 기저막을 따라 각기 다른 곳에서 진동수에 따라 활성화되는 청신경이 달라지기 때문에 가능하다. 이때 각각의 청신경을 따라 전달되는 신호의 세기에 따라 각기 식별 가능한 정보를 뇌의 청각 영역으로 전달하게 되는데, 뇌의 청각 영역은 청신경을 통해 전달된 개별 부분음의 진동수에 따른 세기에 관한 정보를 복합음 전체의 세기로 통합하여 인지하게 된다.

제4장

악음의 음고와 음색

4

악음의 음고와 음색

1. 악음의 발생: 복합음

우리 주변에 들리는 대부분의 소리는 주기적이지 않기 때문에 소음의 속성을 갖는다. 반면에 악기의 소리가 아름답고 안정되게 들리는 이유는 그것이 주기적 속성을 갖기 때문이다. 일찍이 헬름홀츠는 음파가 갖는 주기적 특성의 여부에 따라 악음과 소음을 구분하였다. 그렇지만 어떤 소리가 주기적인지 아닌지를 구분하기가 그렇게 쉬운 것은 아니다. 어느 정도의 시간 간격을 주었을 때에 주기적인가를 판단하여야 하기 때문이다. 시간 간격을 짧게 잡으면 주기적인 소리도 주기적이지 않다고 볼 수 있다. 사람이 보통 관심을 갖는 시간 기준인 50ms(밀리초, 1000분의 1초) 정도의 지속 시간 범위에서 주기성을 발견할 수 있느냐 아니냐에 따라 우리는 소리를 악음과 소음으로 나눌 수 있다. 주기성은 원래 수학적인 개념이므로 주기성을 수학적으로 판단하는 것이 정확하다.

$$f(t+a)=f(t)$$

이 식은 a라는 주기를 갖는 곡선을 의미한다. 여기에서 t는 시간을 의미하므로 시간 간격이 a만큼 떨어져 있는 시점에서 함수 f(t)의 함숫값이 일치함을 말해 준다. 그러므로 a라는 시간 간격에서 f(t)는 반복되는 파형을 보여 준다. 일반적으로 사람이 들을 수 있는 소리는 20~20,000Hz의 진동수를 갖는다. 이것을 주기로 표현하면 5×10^{-2}초(50밀리초)에서 5×10^{-5}초(50마이크로초)에 해당하므로 아주 낮은 음은 50밀리초 동안 주기성을 파악할 수 없지만 100Hz만 되어도 50밀리초 동안 주기성이 파악된다. 지속성을 갖지 않는 파동은 펄스라고 부르는데, 지속 시간이 매우 짧은 펄스의 경우에는 일정한 주기성을 갖는 소리도 주기성을 확보하지 못하여 소음처럼 들릴 수 있다. 반대로 그 자체로는 주기성을 갖지 않는 소리지만 빠르게 반복될 경우에는 주기성이 확보될 수도 있다. 대표적인 사례가 사이렌 소리이다. 사이렌에서는 원주를 따라 일정한 간격으로 구멍이 뚫린 원반을 회전시키면서 구멍에 고속으로 바람을 불어 넣으면 구멍으로 바람이 통과하면서 소음이 발생한다**그림 4-1**. 이 소음은 원반이 회전하면서 단속적으로 발생하게 된다. 가령, 50

개의 구멍이 원주상으로 배열된 원반이 1초에 10회전을 하게 되면 1초에 500회의 소리가 발생하여 이것은 500Hz의 악음으로 들린다. 이는 소음도 빠르게 반복되면 악음이 될 수 있음을 보여 준다. 비슷한 사례로 사바르(Felix Savart)의 톱니바퀴가 있다. 사바르의 톱니바퀴는 빠르게 회전하는 톱니바퀴에 딱딱한 종이판이나 판자를 대서 소리를 발생시키는 것이다. 종이판이 톱니에 부딪치는 소리는 소음이지만 그 소리가 빠르게 반복되면 인간의 가청 주파수의 상한에 달하는 악음을 발생시킬 수 있다그림 4-2.

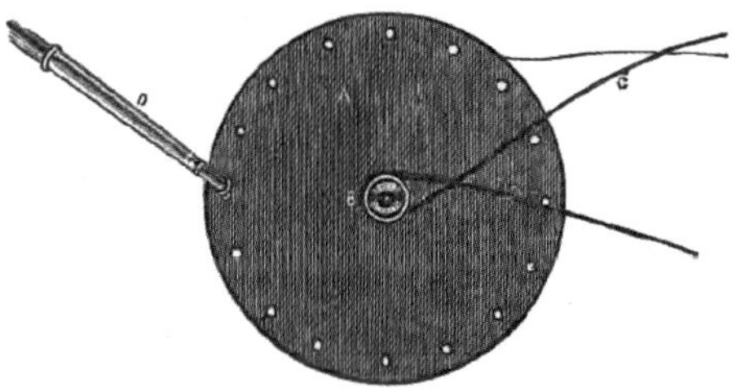

그림 4-1 사이렌

그림 4-2 사바르의 톱니바퀴

한 주기 안에서 파형은 다양한 형태를 취할 수 있다. 음파는 특정한 공간상의 한 점, 일반적으로 마이크가 놓인 점에서의 음압(sound pressure)의 시간상 변화(variation)로 나타낸다. 앞서 살펴본 대로 가장 간단한 형태의 음압 변화는 사인파의 형태로 나타난다. 실제 세계에서 사인파 형태의 음압 변화를 보여 주는 소리는 소리굽쇠, 오르간 파이프, 사이렌 등의 소리이다. 이런 소리는 단조로운 소리여서 단순음(simple tone, pure tone)이라고 부른다. 일반적인 악기는 사인파보다는 더 복잡한 형태의 음압 변화를 보여 주는 복합음(complex sound)의 형태를 띤다. 이러한 복합음의 파형은 1822년에 독일의 수학자 푸리에(Jean-Baptiste Joseph Fourier)가 찾아낸 대로 사인파의 합으로 분해가 가능하다. 이때 성분을 이루는 사인파를 부분음(partial)이라고 부르는데, 부분음들은 기본음 진동수의 정수 배의 진동수를 갖게 된다. 이 부분음들의 진폭이 상대적으로 어떻게 되느냐에 따라, 그리고 위상이 어떻게 되느냐에 따라 합성된 복합음의 파형이 달라지게 된다. 이러한 파형의 차이가 음색을 만들어 내고, 이것이 악기마다 각각 다른 음색을 갖게 되는 이유이다. 그렇지만 하나의 악기가 모든 음에 대하여 기본적으로 모두 동일한 파형을 갖는 것은 아니다. 음고에 따라 단지 기본음 진동수가 달라질 뿐 아니라 파형도 달라질 수 있다. 그러므로 어떤 악기의 고유한 파형을 확정 짓기는 어렵다. 실제로 기계를 써서 어떤 악기의 음압 변화를 측정해 보면, 시간이 경과하면서 동일한 악기

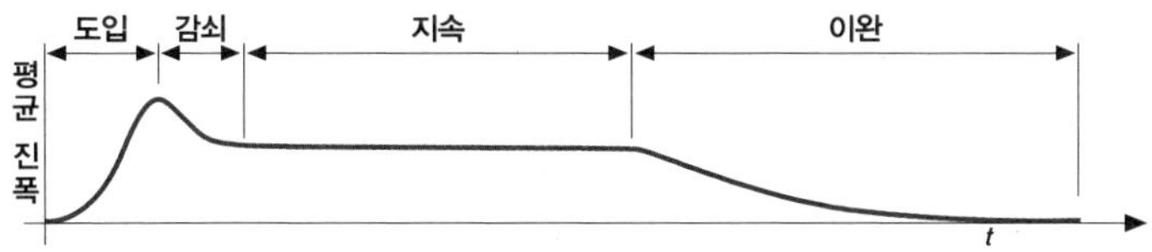

그림 4-3 악음의 진행: 도입, 감쇠, 지속, 이완

에서 동일한 음을 지속적으로 발생시키는 경우에도 시간에 따라 파형이 달라지는 것을 확인할 수 있다. 이는 어떤 음을 발생시키기 위해서 악기를 연주할 경우에 처음부터 끝까지 동일한 소리를 발생시키는 것이 아니라 도입(attack), 감쇠(decay), 지속(sustain), 이완(release)의 단계를 거치기 때문이다그림 4-3.[1]

도입 단계에서는 소리의 세기가 증가하면서 진동수가 안정되지 않고 소음이 발생할 수 있는데, 소리의 세기가 안정을 찾아 가는 감쇠 단계를 거쳐서 지속 단계로 들어가면 진동수가 안정되고 파형도 안정되어 지속성을 보인다. 그러다가 다시 이완 단계로 접어들게 되면 불안정한 상태가 도래하면서 소리가 멈추게 된다. 가령, 바이올린을 연주할 경우에 활을 현에 대고 문지르면 처음부터 안정된 소리가 나는 것이 아니라 처음에는 불안정한 소리가 나다가 잠시 후에 안정된 소리가 나고, 활의 움직임이 느려지면서 다시 불안정한 소리가 나는 단계를 거쳐서 소리가 멈추게 된다. 플루트

1 구자현, 『음악적 아름다움의 근원을 찾아서』(부산: 경성대학교출판부, 2015), p. 38.

의 경우에도 처음에 바람을 불어 넣으면 바람을 불어 넣는 소음이 발생하다가 안정감 있는 음이 발생하는 단계로 접어들고, 다시 숨이 약해지면 소음이 발생하는 단계로 접어들었다가 소리가 멈추게 된다. 하나의 음에서 다른 음으로 넘어갈 때에도 이러한 과정이 신속하게 일어나게 된다. 피아노의 경우에는 현을 해머로 때리게 되는데, 현이 해머에 맞는 순간에는 약간의 소음이 발생한다. 그 후 현이 안정되게 진동하면서 지속성을 가지고 음을 유지하다가 소리가 점차 약해지면서 음색이 변화한다. 이것은 현이 진동하는 패턴이 변하기 때문에 발생하는 현상이다. 그러므로 어떤 악기의 진정한 음색은 지속 단계에 있을 때 안정감 있게 소리가 발생할 경우로 한정하여 확정해야 한다. 그러나 그러한 지속 단계에서의 음색조차도 고유하게 특정 악기의 특정 음마다 확정이 불가하다. 훌륭한 악기 연주자가 훌륭한 소리를 낸다고 말할 수 있는 이유는 동일한 악기를 연주하더라도 주법에 따라 다른 파형을 갖는 소리를 발생시키기 때문이다. 심지어 연습에 따라 동일한 연주자가 동일한 악기로 동일한 음을 내더라도 낼 때마다 음파의 파형이 일치하지는 않는다.

2.
현악기와 관악기: 정상파와 공명

악기에서 아름다운 음이 발생하는 이유는 무엇일까? 유리창

깨지는 소리는 아름답지 않지만 바이올린 소리는 아름답다. 전자의 경우는 주기성이 없는 소리여서 음고를 확정 지을 수 없지만 후자의 경우는 주기성이 있는 소리여서 음고를 확정할 수 있는 것이 주된 이유이다. 그러면 이번에는 심벌즈 소리와 피아노 소리를 비교해 보자. 어느 소리가 더 아름답게 들리는가? 심벌즈 소리는 피아노 소리에 비하여 양은 냄비 두드리는 소리에 더 근접해 있다고 말할 수 있고, 이런 이유 때문에 피아노 소리가 더 아름답다는 데 대하여 다수의 사람이 동의한다. 그러나 아름다움의 감각은 주관적이어서 심벌즈 소리가 피아노 소리보다 더 아름답다고 말할 사람도 있다. 하지만 누구나 심벌즈 소리에 비하여 피아노 소리가 더 조화롭고 안정된 소리라는 것에 대해서는 동의할 수 있을 것이다. 이렇게 차이가 나는 감각은 어디에서 연유하는 것일까?

이러한 차이는 현악기와 관악기의 소리와 타악기의 소리가 갖는 독특한 특성에서 비롯된다. 한마디로 현악기와 관악기는 조화음을 발생시키지만 심벌즈, 북, 실로폰과 같은 타악기는 비조화음을 발생시키기 때문이다. 조화음은 부분음들의 진동수가 기본음의 진동수, 곧 기본음 진동수의 자연수 배로 이루어진 음이다. 반면에 비조화음은 부분음들의 진동수가 기본음 진동수의 자연수 배가 아닌 것이 섞여 있는 음이다. 이렇게 현악기와 관악기에서 조화음이, 타악기에서 비조화음이 발생하는 이유는 현과 관 속의 공기 기둥이 진동하는 방식과, 판, 막, 막대의 진동하는 방식이 다르기 때문이다.

현악기의 현은 고정된 두 점 사이에 탄탄하게 펼쳐진 줄이 활의 마찰이나 뚱김이나 때림이 원인이 되어 진동하면서 소리를 낸다. 이때 현에는 탄성파가 전달되는데, 양쪽이 고정되어 있기 때문에 두 고정점에서 계속 탄성파가 반사되면서 현을 왕복하게 된다. 이때 형성되는 탄성파는 어떤 방식으로 현을 진동시키냐에 따라 다른 파형을 갖게 되며, 이 파형도 단순한 사인파의 합으로 분해할 수 있다. 이때 형성되는 사인파들은 현의 길이가 반 파장의 정수 배가 되는 것들만 유지될 수 있다. 그리하여 이 현에서 사인파의 진동은 특정한 진동수를 갖는 소리만이 발생하게 되는데, 현의 길이 전체를 반 파장으로 삼는 기본음 진동수의 자연수 배의 진동수를 갖게 된다.[2] 현의 길이를 조절함으로써 현에서 발생하는 음의 음고가 정해진다. 기타처럼 프렛(fret)이 있어서 현을 프렛에 압박하여 진동하는 현의 유효 길이를 조절하기도 하고, 바이올린처럼 손가락으로 현을 운지판에 눌러 유효 길이를 조절하기도 하며, 피아노처럼 길이와 장력이 서로 다른 현을 여러 개 마련해 놓고 원하는 현을 때려서 음고를 바꾸기도 한다.

관악기에서는 일정한 길이를 갖는 관 속의 공기 기둥이 특정한 진동수의 소리에 공명하면서 소리를 낸다. 관악기에서는 마우스피스나 리드 등에서 발생하는 다양한 진동수의 소리 중에서 관

2 구자현, 『음악적 아름다움의 근원을 찾아서』, pp. 61-63.

의 길이에 따라 특정한 진동수의 공명음을 발생시키는 방식으로 소리를 발생시킨다. 이때 통상적으로 관의 끝이 막힌 경우에는 폐관의 진동, 관의 끝이 열린 경우에는 개관의 진동이 발생한다. 이때 폐관에서는 막힌 끝에는 마디가, 부는 쪽에는 배가 형성되는 진동이 일어나고, 개관에서는 열린 끝에도 부는 쪽에도 배가 형성되는 진동이 일어난다. 이때 일어나는 진동은 공기 중에서 소리가 전달되는 종진동이다. 이 경우에도 복잡한 형태의 종진동을 사인파의 진동으로 분해할 수 있다. 여기에서 기본음에 대한 자연수 배의 배음들이 형성되는 것이다. 폐관은 관의 길이가 4분의 1 파장이 되는 경우가 가장 진동수가 낮은 기본음을 발생시킨다. 그다음의 진동 모드는 관의 길이가 4분의 3 파장이 되는 경우가 되므로 기본음 진동수의 3배의 진동수를 갖는 음이 나온다. 이런 식으로 폐관은 기본음 진동수의 홀수 배의 진동수를 갖는 배음들이 형성된다. 반면에 개관의 경우에는 기본 진동이 관 전체의 길이가 2분의 1 파장이 되는 진동이 된다. 이것은 현의 경우와 같기 때문에 개관에서는 자연수 배의 배음들이 모두 형성될 수 있다. 관악기에서 관의 길이는 다양한 방식으로 변경시킨다. 리코더처럼 구멍의 간격과 크기를 통해서 관의 유효 길이를 조절할 수도 있고, 트롬본처럼 관의 길이 자체를 늘렸다 줄였다 하는 방식으로 조절하기도 한다. 호른처럼 관의 직경이 일정하지 않은 경우에는 더 복잡하게 유효 길이가 정해진다. 관악기는 이렇게 다양한 방식으로 관의 유효 길이를 바꿈으로써 음고가 조절된다.

타악기는 다양한 형태의 막대나 판이나 막을 때려서 소리를 낸다. 실로폰과 같이 막대를 때려서 소리를 내거나 북처럼 원형의 틀에 팽팽하게 당겨진 막을 때려서 소리를 내거나 종처럼 특이한 형태의 면을 때려서 소리를 낼 때에는 부분음들이 기본음의 자연수 배로 형성되지 않는다. 그러므로 타악기에서는 현악기와 관악기에서 발생하는 조화음이 발생하지 않고 비조화음이 발생한다. 심벌즈를 칠 때 나는 소리가 피아노를 칠 때 나는 소리와 비교하여 소리의 안정감이 떨어지는 이유는 부분음들이 배음렬을 이루지 않기 때문이다. 즉, 부분음의 진동수들이 기본음 진동수의 자연수 배의 진동수를 갖지 않는다. 반면에 피아노 현에서 나는 소리는 부분음들이 배음렬을 잘 형성한다. 그렇지만 타악기의 경우에도 기본적으로 기본음의 진동수는 진동하는 물체의 크기가 음고를 결정짓기 때문에 타악기는 다양한 크기의 발음체를 써서 음고를 조절하게 된다.

3.
음고와 음색의 지각

음고가 무엇인지 물었을 때 반복되는 부분을 가진 주기적 진동인 악음의 진동수에 대한 주관적 감각을 지칭한다고 답할 수 있다. 귀는 파형이 어떠하든지 기본적인 파형이 반복되는 최소의 주기를 지각할 수 있고 그것을 음고로 인식한다. 그렇지만 사람이 절대 음고를 지각할 수 있는가는 의문의 여지가 있다. 음고는 연속적으로 이어지는 값이고 사람마다 감각할 수 있는 가장 낮은 음고와 가장 높은 음고가 다르기 때문에 그 어느 한계값을 절대 음고의 기준으로 삼을 수는 없다. 그러므로 흔히 절대 음감이 있다는 사람은 특정한 음고를 기준 음고로 들려준 후에 그 음고를 기준으로 다른 음들의 음고를 판별할 수 있는 능력을 가지고 있는 사람을 지칭한다. 그렇다면 그것은 음고에 대한 감각이라기보다는 음정에 대한 감각이라고 보아야 할 것이다. 그런데 음정에 대한 감각도 어느 정도 정확하게 음정을 지각할 수 있는 능력이 사람에게 있는지를 물으면 개인차가 크다. 그러므로 과학적인 견지에서 절대 음감 또는 절대 음고에 대한 지각 능력이라는 용어는 좀처럼 사용하지 않는다. 그것은 사람마다 민감성에 차이가 있는 능력이기 때문이다. 어느 정도의 오차의 한계 내에서 어떤 음고를 맞힐 수 있어야 절대 음감이 있는 것인지를 물으면 어떤 기준을 제시하기가 어렵다.

음고 또는 음정의 단위는 센트(cent)가 보편적이다. 센트는 19세기 영국의 음악 음향학자인 엘리스(Alexander J. Ellis)가 제안하였다.[3] 한 옥타브를 1,200 등분하는 단위 음정이 센트이다. 한 옥타브는

3 엘리스의 센트와 관련한 음향학 연구는 다음을 참고할 것. 구자현, 『공생적 조화: 19세기 영국의 음악 과학』(서울: 서강대학교출판부, 2012), pp. 184-192.

n의 진동수와 2n의 진동수를 갖는 두 악음 사이의 음정을 말한다. 가령, A3=220Hz와 A4=440Hz는 한 옥타브를 이룬다. 음정과 진동수의 관계는, 진동수 비의 로그 값에 음정이 비례한다고 표현할 수 있다. 그러므로 진동수 f_1의 악음과 진동수 f_2의 악음 사이의 음정 I는 다음 식으로 표현할 수 있다.

$$I=1200\log_2(f_1/f_2)$$

가령, 440Hz와 523Hz의 두 음 사이의 음정은

$$1200\log_2(523/440)=1200\log_2(1.189)=299.1(\text{센트})$$

가 된다.[4] 센트로는 반음이 100센트, 온음이 200센트이므로 299센트는 반음 약 세 개의 음정에 해당하고 440Hz가 A4인 것을 고려하면 523Hz의 음은 C5라고 할 수 있다. 여기에서 관습적으로 음악계에서 널리 사용되는 12음계를 평균율로 나타내는 방법을 알아보자. 12음 평균율(12-tone equal temperament)은 한 옥타브를 열두 개의 등간격의 음정으로 나누는 방식을 의미한다. 관습적으로 C, C♯, D, D♯, E, F, F♯, G, G♯, A, A♯, B의 순서로 열두 개의 음을 배열하고 각 음 사이의 간격은 반음(semitone)이라고 부른다. 그

4 Gareth Loy, *Musimathics*(Cambridge: MIT Press, 2006), vol. 1, p. 45.

리고 두 개의 반음을 합친 음정을 온음(tone)이라고 부른다. 그리하여 평균율로 조율되는 건반악기인 피아노는 이 순서대로 건반(keyboard)에 건(key)들이 왼쪽에서 오른쪽으로 배열되는데 샤프(♯)가 붙은 음들은 검은 건으로 표현한다.

음정이 반음 간격으로 일정하다는 것은 이웃하는 음 사이의 진동수의 비가 일정하다는 의미이다. 즉, 일정한 수인 r를 기준이 되는 음에 반복하여 곱하여 각각의 음들을 구하게 되는데, r를 열두 번 곱하면 2가 되어 한 옥타브 높은 음에서 진동수는 2배가 된다. 이 관계에서 r가 어떤 수인지 알 수 있다. 즉, 12제곱을 하여 2가 되는 수가 r인 것이다. 이 수를 수학에서는 '2의 12거듭제곱근'이라 부르고 $\sqrt[12]{2}$라고 표현한다. 이 무리수를 계산해 보면 1.05946…이 나온다. 즉, 반음이 상승할 때마다 진동수는 약 6%씩 커지는 것이다. 한 옥타브를 1,200센트로 잡았으므로 12반음으로 한 옥타브가 이루어져 있다는 관계로부터 하나의 반음은 100센트로 이루어져 있다는 것을 알 수 있다. 그러므로 기준 음고를 A4=440Hz로 잡고 이 음고를 기준으로 삼아 평균율에서 한 옥타브(C4~C5) 안의 각 음정에 해당하는 음들의 진동수와 음고를 각각 헤르츠와 센트 단위로 표현하면 [표 4-1]과 같다.[5]

---

5 구자현, 『음악적 아름다움의 근원을 찾아서』, p. 149.

표 4-1 평균율에 따른 12음계의 음고

음	진동수(Hz)	절대 음고 (cent)
C	$440.0 \div 1.05946^9 = 261.6$	−900
C#	$440.0 \div 1.05946^8 = 277.1$	−800
D	$440.0 \div 1.05946^7 = 293.7$	−700
D#	$440.0 \div 1.05946^6 = 311.1$	−600
E	$440.0 \div 1.05946^5 = 329.6$	−500
F	$440.0 \div 1.05946^4 = 349.2$	−400
F#	$440.0 \div 1.05946^3 = 370.0$	−300
G	$440.0 \div 1.05946^2 = 392.0$	−200
G#	$440.0 \div 1.05946 = 415.3$	−100
A	440.0	0
A#	$440.0 \times 1.05946 = 466.2$	100
B	$440.0 \times 1.05946^2 = 493.9$	200
C	$440.0 \times 1.05946^3 = 523.2$	300

1942년에 베케시(Georg von Békésy)는 달팽이관에 음파가 들어와 그에 반응하여 기저막이 진동할 때 진동수에 따라 최대로 진동하는 부위가 다르다는 것을 최초로 발견하였다. 이것은 80여 년 전에 헬름홀츠가 말한 대로 달팽이관이 진동수 분석을 수행한다는 것에 대한 실험적 발견이었다. 기저막은 그 가로 섬유의 길이와 장력에 따라 들어오는 음파에 반응하여 진동하는 부위가 달라지는데, 달팽이관의 난원창 근처에서는 높은 음을 감지하고 달팽이관의 꼭대기 부분에서는 낮은 음을 감지한다. 이에 따라 복합음의 진동수 분포가 기저막에서는 위치 분포로 전환된다. 이와 같이 귀는

복합음의 구성 요소인 부분음을 분석하여 감지할 수 있는 능력을 갖추고 있다.[6]

이러한 기저막의 기능적 특성 때문에 사람의 귀는 부분음 각각을 감지할 수 있는 능력을 갖추고 있다. 이렇게 특정한 부분음에 반응하여 진동하는 기저막의 코르티 기관 진동을 청세포가 감지하여 청신경을 통하여 뇌의 청각 중추로 보낸다. 청각 중추는 동시에 도달하는 전기 자극을 감지하여 음고를 감별하고, 부분음의 존재 여부와 세기의 차이를 감별하여 그것을 독특한 음색으로 합성해 낸다. 이러한 뇌의 영역의 메커니즘은 음악 심리학에서 가장 잘 알려지지 않은 부분에 속한다.

귀가 얼마나 많은 부분음을 식별해 낼 수 있는지에 대하여 많은 연구가 이루어졌다. 이를 통해 귀는 낮은 차수의 부분음들을 더 잘 식별해 낸다는 사실이 알려졌다. nf의 진동수와 $\left(n \pm \frac{1}{2}\right)f$의 진동수를 식별하기를 요청했을 때 n이 작은 경우에는 100% 옳은 답을 냈지만 n이 큰 경우에는 옳은 답을 낼 확률이 50%로 떨어졌다. 귀는 진동수가 작은 최초 부분음 5~7개를 식별할 수 있는 것으로 확인되었다.

6 구자현, 『음악적 아름다움의 근원을 찾아서』, pp. 45-47.

제5장

악음의 중첩과 화음

5

악음의 중첩과 화음

1. 복합음의 중첩

다성 음악은 동시에 울리는 복합음의 중첩으로 이루어진다. 단성 음악에서는 단일한 선율만이 연주된다 하더라도 앞 음의 잔향음이 뒤이어 오는 음과 중첩되어 우리 귀에서 복합음의 중첩이 발생하게 된다. 뇌가 어떻게 동시에 울리는 상이한 복합음에 속하는 기본음 진동수와 배음 진동수의 덩어리를 해체하여 개별 음에 대한 인식을 가능하게 하는지를 심리학자들은 아직 완전히 이해하지는 못하고 있다.

음고가 다른 두 개의 복합음이 중첩될 때 두 가지 상황 중 하나가 발생한다. 하나는 더 높은 음의 기본음이 낮은 음의 배음 중 하나와 같은 경우이고 다른 하나는 같지 않은 경우이다. 첫 번째 경우에는 높은 음이 낮은 음의 배음을 강화하게 된다. 그러면 왜 우리는 낮은 음의 음색의 변화를 감지하지 않고 오히려 여전히 높은 음을 낮은 음과 분리하여 인식하고 양쪽 음의 음색을 따로 식별하는가? 두 번째 경우에 각각의 음이 기저막의 공명 구역에서 중첩되는 현상이 발생할 때 비슷한 문제가 생긴다. 결과적으로 생기는 혼합된 소리 속에서 우리의 뇌는 어떻게 개별 음에 속하는 소리를 따로 식별해 내는 것일까? 예를 들어 두 개의 복합음인 A2(110Hz)와 C3#(140Hz)의 중첩을 고려해 보자. 두 음의 배음은 각각 {110, 220, 330, 440, 550 …}과 {140, 280, 420, 560, 700 …}의 배열을 갖는다. 이 진동수 각각은 기저막 위에 해당 공명 구역을 갖는다. 세기나 음고에 약간의 변화가 있다 할지라도 감각 세포들은 각각의 공명 구역이 어느 음에 속하는지에 대한 단서를 얻지 못한다. 그러므로 이러한 식별은 청각 신경 체계의 높은 수준에서 실행됨에 틀림없다.

두 음의 음고는 중앙 음고 처리기에 의해 식별된다. 청각 신경계의 가장 탁월한 기능은 동시에 울리는 두 개의 음의 음색을 식별하는 것이다. 그런 능력이 인간에게 없다면 음악은 불가능할 것이다. 가령, A4의 음을 정확하게 연주하는 악기 1의 소리와 A5의 음을 거의 같은 세기 수준으로 연주하는 악기 2의 소리를 이어폰 하나로만 듣는다고 가정해 보자. 두 소리가 중첩되면 합성 음파의 진폭은 각각의 진폭의 합으로 나타날 것이다. 그런데 어떻게 우리의 귀는 음색이 다른 두 음을 개별적으로 감지하는가? 이러한 식별 메커니즘은 아직 잘 이해되지 않고 있다. 아마도 시간 요소가 중심 역할을 하는 것으로 여겨진다. 먼저 동시에 울리는 두 음의 개시는 결코 동시에 이루어지지 않거나 음의 전개가 같은 방식으로 이루어지지 않는다. 특히 두 음이 각기 다른 방향에서 온다면 식별은 더욱 용이해진다. 음색을 식별하는 데 있어서 음의 시작하는 부분은 가장 두드러진 힌트를 제공한다고 알려져 있다. 음이 시작되는 불안정한 시점에 우리 뇌는 각각의 악기가 진동하는 패턴에 따라 나타내는 두드러진 특색을 추적하여 처리한다. 연주 중에도 모든 배음들에서 일관되게 나타나는 진동수와 세기의 변화가 청각 처리 메커니즘에 의해 활용된다. 음색을 식별하기 위한 메커니즘에 중요한 단서를 제공하는 것으로 보이는 다른 변화들로는 음고의 주기적 변화인 비브라토(vibrato), 세기의 주기적 변화인 트레몰로(tremolo)가 있다. 이런 변화들은 악기의 소리가 안정되게 지속되는 상태에서 의도적으로 또는 의도하지 않은 상태에서 발생할 수 있는데, 악기마다 특색 있는 진동을 만들어 내기 때문에 악기 소리를 식별하는 데 중요한 단서를 제공한다. 이러한 시간에 의존하는 작은 교란이 전혀 없는 중첩된 복합음은 음색을 식별하기가 훨씬 어렵다.[1]

아마도 복합음의 음색과 음고를 식별하는 메커니즘에 가장 큰 도움을 주는 것은 음의 중첩이 진행되는 방식에서 얻어지는 정

---

1 Juan Roederer, *The Physics and Psychophysics of Music: An Introduction*(London: Springer, 2008), pp. 68-70.

보이다. 이런 경우에 각각의 음의 진동수와 세기의 일관된 섭동이 주는 일차적인 단서들 외에도 선율을 구성하는 각 악기의 역할과 관련하여 추정된 맥락적 정보가 활용되기도 한다.

우리가 복합음을 식별하는 메커니즘은 여러 명이 비슷한 음량으로 동시에 다른 말을 하고 있을 때 한 사람의 말만을 따라갈 수 있는 청지각을 지배하는 메커니즘에 상응한다. 이러한 능력을 '칵테일 파티 효과'라고 부른다. 물론 우리가 같은 조건에서 상대방과 대화를 나누면서 배경음악에 주의를 빼앗기면 그 소리만 잘 들리고 상대방의 말은 알아듣지 못하게 된다. 이것은 복합음의 식별 메커니즘과 동일한 단서를 사용할 가능성이 높다. 두 가지 이상의 악기가 동시에 연주될 때 우리는 개별적인 악기의 소리에 주의를 집중함으로써 그 소리를 식별할 수 있다. 또한 잔향 효과가 큰 방에서 음의 중첩이 심각하게 일어나는 상황에서 개별 소리를 변별할 수 있게 해 주는 것도 같은 메커니즘이다. 이 마지막 사례에서 주된 역할을 하는 것으로 보이는 것은 시간 효과이다. 직접음의 첫 도착이 우리 지각 체계가 사용하는 주된 실마리를 제공한다.

두 개의 단순음의 식별에서 그러하듯이 두 개의 복합음이 분리되어서 들리기 위해서는 기본음에 최소한의 차이가 있어야 한다. 두 복합음이 음 식별을 위한 한계 내에 음고의 차이가 있게 되면 1차 맥놀이가 모든 배음 사이에서 일어날 수 있다. 가령, 두 개의 복합음이 약간 편차가 있는 두 기본음 진동수 f_1과 $f_1+\epsilon$을 가질 때 모든 공명 구역은 기저막 위에서 중첩될 것이고 다른 진동수를 갖는 맥놀이들을 만들어 낼 것이다. 기본음들은 ϵ의 진동수를 갖는 맥놀이를 할 것이고 제2 배음들은 2ϵ의 진동수를 갖는 맥놀이를 일으킬 것이다. 제3 배음들은 3ϵ, 제4 배음들은 4ϵ의 맥놀이를 일으킨다. 처음 몇 개의 배음들만이 중요하다. 통상적으로 기본음의 맥놀이가 가장 두드러진다. 상응하는 배음들 사이의 1차 맥놀이는 두 개의 복합음이 조율이 약간 잘못된 음정을 형성한 채 중첩되면 나타날 것이다. 이것들은 조율이 약간 잘못된 단순음의 음정에서 일어나는 2차 맥놀이와는 다른 것들이다.

2.
협화음과 불협화음의 감각

협화음과 불협화음을 이해하기 위해서는 음정에 대한 개념 정리가 우선적으로 필요하다. 음정(interval)은 음과 음 사이의 거리를 지칭한다. 다시 말하면 두 음의 음고 차이를 말한다. 음정을 말할 때 흔히 사용하는 단위가 '도'(degree)이다. 1도는 음고가 같은 두 음 사이의 음정을 말한다. 2도는 서양의 전음계 '도-레-미-파-솔-라-시-도'에서 한 칸의 간격을 지칭한다. 즉, 도-레, 파-솔, 시-도 등이 2도에 해당한다. 마찬가지로 3도는 두 칸의 간격을 지칭한다. 즉, 도-미, 레-파, 솔-시 등이 3도에 해당한다. 이런 방식으로 전음계에서 음과 음 사이의 간격을 나타내는 칸의 수에 1을 더한 값이 '도'에 해당한다. 음계는 계속 반복되면서 옥타브를 넘어서 올라가거나 내려갈 수 있으므로 옥타브를 넘어서 음정을 '도'로 말할 수 있다. 가령, 시-레'는 3도인데 여기에서 프라임(′) 기호는 한 옥타브 높은 음을 지칭한다.

도의 개념을 이해했으면 이제 도 앞에 붙이는 말인, 수식어 '완전'(perfect), '장'(major), '단'(minor), '증'(augmented), '감'(diminished)을 이해할 차례이다. '완전'은 4도와 5도[2]에 대해서 붙이는데, '도-파'의 음정이 완전4도, '도-솔'의 음정이 완전5도에 해당한다. 이것을 평균율에서 따지면 '도-파'에는 온음 '도-레', '레-미' 둘이 들어가고 반음 '미-파' 하나가 들어간다. 반음의 수로 따지면 완전4도에는 반음이 다섯 개 들어가는 것이다. 4도는 4도인데 반음의 수가 완전4도보다 하나가 많으면 증4도, 하나가 적으면 감4도라고 부른다. 마찬가지로 완전5도는 반음이 일곱 개가 들어가는데 반음이 여덟 개 들어간 5도는 증5도, 반음이 여섯 개 들어간 5도는 감5도가 된다. 그러면 여기에서 의문이 생길 수 있다. "반음이 여섯 개인 음정은 감5도도 될 수 있고 증4도도 될 수 있다. 어느 쪽이 옳은가?" 이에 대해 그 음정을 어떻게 부르느냐에 따라 달라진다고 답할 수 있

---

2 4도와 5도에 옥타브를 추가한 음정에도 붙일 수 있다. 옥타브를 추가한다는 것은 일곱 칸을 더하는 것이므로 4도에 옥타브를 더하면 11도, 5도에 옥타브를 더하면 12도가 된다. 즉, 완전11도, 완전12도라는 음정이 가능하다.

다. 가령, '도-파#'이면 여섯 개의 반음을 포함하는데 4도이니까 증4도이고, '도-솔♭'이면 여섯 개의 반음을 포함하는데 5도이니까 감5도이다. 피아노 건반에서 '파#'과 '솔♭'은 같은 검은 건(key)을 지칭하므로 '도-파#'과 '도-솔♭'은 같은 음정의 다른 이름이고, 그 음정을 말할 때 '증5도' 또는 '감4도'라고 상황에 따라 다르게 부를 수 있다. 이렇게 음정의 명칭에서는 두 음 사이의 칸의 수에 따라 수가 결정되고, 반음의 수가 몇 개냐에 따라 앞의 수식어가 결정된다. 앞서 설명했듯이 '완전'은 4도, 5도에 붙인다. 나머지인 2도(반음 수 2개), 3도(반음 수 4개), 6도(반음 수 9개), 7도(반음 수 11개)에는 '장'을 붙이는데 '장'에서 반음이 줄면 '단', 반음이 늘면 '증'이 된다. '단'에서 반음이 줄 경우에는 '감'이 된다. 예를 들어, '도#-미♭'의 경우가 '감3도'가 된다. 왜냐하면 장3도는 반음이 네 개로 이루어지는데 '도#-미♭'의 경우에는 장3도인 '도-미'에서 반음이 두 개가 줄어 반음 두 개로 이루어진 3도이기 때문이다. 지금까지 소개한 원칙을 사용하면 여러 음정에 대하여 독자 스스로 명칭을 붙일 수 있을 것이고, 이러한 명칭이 수학적으로 매우 체계적이라는 것을 알 수 있을 것이다. 평균율을 따를 경우에 그런 것이다. 다른 음률에서는 음정의 간격과 이름 사이에 정량적 일치가 이루어지지 않는다. 그런 이유 때문에 현대적인 음률로서 평균율이 도입된 것이다.

이제 협화음과 불협화음에 대하여 논의할 준비가 되었다. '협화음'은 consonance를 번역한 말이고, '불협화음'은 dissonance

를 번역한 말이다. consonance라는 단어를 분석해 보면 'con-'은 '함께'라는 뜻의 접두사, 'son'은 '소리'라는 뜻의 어근, '-ance'는 추상명사화 접미사이다. 그러므로 consonance는 '함께 소리가 울리는 상태'를 지칭한다. dissonance는 consonance와 접두사 'dis-'만 다르다. 'dis-'는 '떨어져'라는 의미를 갖는 접두사이므로 dissonance는 '떨어져 소리가 울리는 상태'를 지칭한다. 즉 협화음은 두 소리가 함께 울려서 서로 잘 어울리는 상태를 이르는 말이고, 불협화음은 두 소리가 함께 울려서 서로 잘 어울리지 않는 상태를 이르는 말이라고 할 수 있다.

대표적인 협화음으로 '도'와 '솔'을 들 수 있다. 도-솔의 두 음은 '완전5도'의 음정을 이루는데, 흔히 동등한 두 현의 길이의 비가 2:3일 경우에 '완전5도'의 음정을 이룬다고 말한다. 또 '도'와 '파'가 함께 울리면 두 음은 '완전4도'의 음정을 이루어 역시 잘 어울리는 협화음이 발생한다. 완전4도는 동등한 두 현의 길이의 비가 3:4일 경우에 발생한다. 그러면 동등한 두 현의 길이의 비가 1:2일 때에도 협화음이 발생할까? 앞서 여러 번 이야기했듯이 이 경우에는 '옥타브'의 음정을 이루면서 두 음이 가장 잘 어울리는 상태라고 할 수 있다. 여기에서 동등한 두 현의 길이의 비가 1:1인 경우, 즉 '동음'(unison)의 경우는 협화음에서 제외하였다. 동음의 경우에는 두 음이 서로 어울린다고 말할 수 없기 때문이다. 길이까지 동등한 두 현에서는 동등한 소리가 나올 테니 동등한 두 소리 사이의 어울림을 논하는 것이 무의미하게 들릴 것이다. 역사적으로 최고의 협화음이 동음인가, 옥타브인가를 놓고 논란이 있었던 것도 사실이다. 하지만 이 문제는 동등성에 대한 철학적인 논의를 포함하고 있기 때문에 여기에서는 논외로 하고, 일단 길이의 비가 1:2일 때를 가장 협화도가 높은 것으로 인정하자.

협화음의 '단순 정수비' 이론은 서양 음악 사상에서 가장 오래된 가설 중 하나이다. 이 이론의 변형된 형태들이 다양한 음악가와 음악 이론가들에 의해 채용되었다. 단순 정수비 가설은 간단한 실험에 의해 지지될 수 있다. 순정률에서 장3도(4:5) 떨어져 있는 C4와 E4를 동시에 연주하면 단2도(11:12) 떨어져 있는 C4와 C#4를 동시에 연주할 때와 비교하여 더 듣기 좋다는 데 대부분이, 사실상 만장일치로 동의한다. 그러한 경험적 근거에 힘을 얻어서 단순한 비율이 복잡한 비율에 비해 더 협화적이라는 개념이 널리 받아들여져 왔다.

협화음과 불협화음에 대한 논의는 피타고라스 때부터 있었다. 피타고라스에 따르면 4:5:6의 무게 비를 갖는 대장간 망치들은 번갈아 치는 것만으로도 아름다운 음악을 만들어 냈다. 피타고라스는 현을 가지고 실험을 했다. 그는 일정한 장력으로 당겨진 현의 길이를 달리하면서 길이가 다른 두 현에서 나오는 소리가 어울려 듣기 좋은 소리를 내기 위한 조건을 연구했다. 여기에서 피타고라스는 현의 길이가 간단한 정수비를 이룰 때에는 아름답고 듣기 좋은 소리를 내고 현의 길이가 복잡한 수의 비를 이룰 때에는 귀에 거슬리는 소리를 낸다고 결론을 지었다. 가장 잘 어울리는 소리는 현의 길이 1:2의 비를 갖는 옥타브였고 그다음으로 잘 어울리는 소리는 2:3에서 나왔다. 이것은 완전5도였다. 그다음은 3:4의 비에서 잘 어울리는 소리가 나왔다. 이것은 완전4도였다. 이렇게 단순한 정수비가 만들어 내는 협화의 정도는 그 비가 간단할수록 커서 자연이 수로 이루어져 있다는 피타고라스의 믿음에 더욱 설득력을 더하였다. 피타고라스는 자연수의 첫 네 수인 1, 2, 3, 4를 가장 중요한 수로 보았다. 이 네 수를 더하면 10이 된다는 점에서 피타고라스는 이 수들이 특별한 의미를 갖는다고 보았고 이 네 수를 일컬어 '테트락티스'(tetractys)라고 불렀다. 피타고라스는 이 특별한 네 수로 만들어 내는 비만이 협화음을 만든다고 보았다. 그런 의미에서 장3도를 이루는 4:5와 같은 비는 협화음이 아니라고 보았으며, 5:6(단3도)과 같은 비도 협화음이 아니라고 보았다.

피타고라스에게 있어서는 이러한 자연의 수학적 질서에 대한 신념이 인간의 경험보다 더 우선하는 보편적 원리였기 때문에 더 큰 수로 이루어진 비에서 나오는 소리는 사람의 귀로 들어서 조화로운 소리로 들릴지라도 협화도가 낮다고 평가하였다. 1:3의 경우가 12도였던 반면, 4:5는 장3도로서 사람의 귀로 들었을 때 일반적으로 협화도는 전자보다 후자가 더 컸다. 그러나 전자는 테트락티스 안에 있지만 후자는 거기에서 벗어난 비였기에 피타고라스는 후자가 전자보다 협화도가 낮다고 판단했다.

이러한 연역적 협화도 추론에 반대 입장을 내놓고 음악적 실행에 있어서는 실행 음악가들의 관점을 우선적으로 받아들여야 한다는 귀납주의적 입장을 피력한 고대의 화성학자는 아리스토크세노스(Aristoxenos, 기원전 335년경에 활발하게 활동)였다. 그는 아리스토텔레스의 제자였는데, 화성학에 대한 저술을 통해서 수학적 근거에 따라 협화성을 판단하기보다는 귀에 의한 판단을 더욱 중요한 기준으로 여길 것을 강조하였다. 그런 점에서 아리스토크세노스는 음악을 형이상학적 과학으로서의 범주에서 벗어나 실행 예술의 분야로 인정하고자 하는 태도를 취하였다. 그렇지만 이러한 입장은 중세를 거치면서 별로 지지를 받지 못했다.

르네상스 시대의 음악 이론가였던 차를리노(G. Zarlino)는 테트락티스의 범위를 벗어나 있지만 협화음을 표현하는 데 사용될 수 있다고 생각한 5와 6을 단순한 정수비를 구성하는 요소로 인정하기 위하여 '누메로 세나리오'(numero senario)라는 개념을 들고 나왔다. 숫자 6까지를 단순한 수의 범위에 넣을 수 있다는 생각이었다. 그러므로 차를리노는 4:5(장3도)와 5:6(단3도) 같은 비가 협화음을 이루는 비가 될 수 있다고 생각했다. 이것은 16세기 당시 음악가들이 널리 사용하고 있었던 3도에 대한 이론적 정당화였다. 많은 악기들이 여러 악곡에서 3도를 활용하여 연주되는 사례들이 많아졌고, 이에 따라 3도가 5도를 대신해서 다성 음악의 근간을 이루는 음정으로 새롭게 관심을 끌게 된 것이 협화음의 개념조차 바꾸어 놓기를 요구한 것이었다. 그런 점에서 이 시기에는 실행 음악의 힘이 점차 강해지고 음악이 과학의 범위에서 벗어나 독립적인 지위를 얻기 위한 길을 걷고 있었다.[3]

협화음과 불협화음에 대한 다양한 견해가 존재했지만 오늘날 순정률 반음계에 나타나는 비를 기초로 하여 이것을 정리해 보면 [표 5-1]과 같다.[4] [표 5-1]을 보면 위에서 아래로 갈수록 협화도가 점점 작아진다. [표 5-1]에는 또 하나의 불협화도의 척도에 관한 정보가 있다. 그것은 음정을 나타내는 분수의 분모와 분자를 소인수 분해하여 나타낸 것이다. 소인수 분해는 어떤 수를 소수(prime number)의 곱으로 표현하는 것이다. 소수는 1과 자기 자신으로만 나누어지는 수인데 1은 포함시키지 않는다. 그러므로 소수를 작은 수부터 늘어놓으면 2, 3, 5, 7, 11, 13, 17, 19 …으로 한없이 이어진다. 지금까지 가장 큰 소수는 발견되지 않았다. [표 5-1]의 마지막 열을 보면 이러한 소수의 곱으로만 나타낸 음정의 비가 있다. 이 음정의 비를 구성하는 소수가 클수록, 소수의 거듭제곱(power)이 클수록 불협화도가 대체로 크다. 완전 음정의 범주에 든 것들은 2, 3으로만 비가 이루어져 있다. 그리고 거듭제곱도 2를 넘지 않는다. 불완전 음정의 범주에 든 것들은 5를 포함하기 시작하며 분모와 분

---

3 구자현, 『음악과 과학의 길: 본질적 긴장』(서울: 한국문화사, 2015), pp. 22-38.
4 구자현, 『음악적 아름다움의 근원을 찾아서』(부산: 경성대학교출판부, 2015), p.225.

자의 거듭제곱의 수가 3을 넘지 않는다. 불협화 음정에 드는 것들은 분자와 분모의 거듭제곱의 합이 3 이상이고 대부분이 5를 포함한다.

협화도를 분류하고 정돈하는 데 엄격한 수리적 규칙을 사용하려는 시도는 그 나름대로 성공적이다. 그러나 우리가 완전 음정의 협화도에 일반적으로 동의하는 반면에, 다른 음정들의 상대적 협화도에 대해서는 의견이 많이 엇갈린다. 그래서 그 어떤 하나의 수리적 척도로 모든 이론을 아우를 수는 없다.

표 5-1 협화도의 순서에 따라 정돈된 순정률 반음계 음정들

구분	이름	분수	합	소인수의 곱
완전 음정	동음	1/1	1+1=2	1/1
	옥타브	2/1	2+1=3	2/1
	완전5도	3/2	3+2=5	3/2
	완전4도	4/3	4+3=7	$2^2/3$
불완전 음정	장6도	5/3	5+3=8	5/3
	장3도	5/4	5+4=9	$5/2^2$
	단3도	6/5	6+5=11	$(2 \cdot 3)/5$
	단6도	8/5	8+5=13	$2^3/5$
불협화 음정	장2도	9/8	9+8=17	$3^2/2^3$
	장7도	15/8	15+8=23	$(3 \cdot 5)/2^3$
	단7도	16/9	16+9=25	$2^4/3^2$
	단2도	16/15	16+15=31	$2^4/(3 \cdot 5)$
	3온음	64/45	64+45=109	$2^6/(5 \cdot 3^2)$

17세기로 들어오면서 소리 과학이 형성되고 소리에 대한 과학자들의 연구가 급속도로 진척되었다. 메르센(Marin Mersenne, 1588~1648)은 소리의 높낮이를 결정짓는 것이 진동수이며, 같은 장력의 현의 길이가 진동수에 반비례한다는 사실을 분명히 했다. 또

한 메르센은 현에서 나오는 소리의 진동수는 장력의 제곱근에 비례하고 현의 선밀도의 제곱근에 반비례한다는 것을 실험으로 확증하였다. 소리가 진동에서 비롯된다는 분명한 사실이 정립되면서 협화음의 일치 이론이 정립되었다. 갈릴레오(Galileo Galilei, 1564~1642)가 이런 점에서 선구자였다. 그는 두 음의 진동수가 이루는 가장 간단한 비가 있을 경우에 비를 이루는 수를 곱하여 나오는 수가 작을수록 협화적이라는 이론을 제시하였다. 이를 일치 이론이라고 한다. 어떤 음정을 이루는 소리들의 주기적 파형이 일치되는 데 요구되는 시간을 세차 시간(precession time)이라고 부른다. 가령, 하나의 자전거 바퀴가 한 바퀴 도는 데 3초가 걸리고 동일한 크기의 다른 바퀴가 한 바퀴 도는 데 4초가 걸린다면, 진동수들은 4도, 4/3의 음정을 형성하고 바퀴들은 서로에 대하여 세차 운동을 한다. 즉, 빨리 도는 바퀴 위의 한 점은 느리게 도는 바퀴 위의 한 점을 매 3×4=12초마다 따라잡는다. 이런 방식으로 소리의 진동의 겹쳐지는 시각은 두 진동수 비를 이루는 수를 곱한 값에 비례하는 간격으로 나타난다. 두 수의 비를 이루는 수의 곱이 작을수록 두 진동은 세차 시간이 짧아지는 것이다. 그리하여 갈릴레오는 세차 시간이 늘어남에 따라 협화도가 감소한다고 설명한다. 이 기준으로 음정을 협화도에 따라 나열하려면 비를 이루는 수의 곱이 작은 순서로 나열하면 된다. 이 이론에 따라 여러 가지 음정의 협화도를 비교하면 [표 5-2]와 같다.

표 5-2 일치 이론에 따른 협화도 순위

음정	비	비를 이루는 수의 곱
동음	1:1	1
옥타브	2:1	2
12도	3:1	3
2옥타브	4:1	4
완전5도	3:2	6
3옥타브	8:1	8
완전4도	4:3	12
장6도	5:3	15
4옥타브	16:1	16
장3도	5:4	20
단3도	6:4	24
5옥타브	32:1	32
단6도	8:5	40
단7도(대)	9:5	45
장2도(장온음)	9:8	72
장2도(단온음)	10:9	90
장7도	15:8	120
단7도(소)	16:9	144
단2도(장반음)	16:15	240

이 방식으로 협화도를 계산했을 때 장3도나 단3도가 협화도가 높게 인정을 받는 것은 좋으나 장6도가 장3도보다 협화도가 높아지는 것은 감각과 일치하지 않는다. 장6도는 단3도를 역전시킨 것이므로 장3도에 비하여 협화도가 낮아야 할 텐데 결과는 그렇게 나오지 않는다.[5] 또한 별로 사용되지 않는 음정인 7:5도 단6도보다

5 역전된 음정은 음정을 이루는 두 음 중 낮은 음을 한 옥타브 높였을 때 두 음이 이루는 음정을 말한다. 3:4의 비를 갖는 완전4도를 역전하면 6:4=3:2, 즉 완전5도가 된다. 장3도는 4:5이므로 역전되면 5:8로 단6도가 된다. 역전된 음정의 이름을 쉽게 찾으려면 9에서 역전되기 전의 음정 이름의 수를 빼고 '완전→완전, 장→단, 단→장, 감→증, 증→감'으로

높은 협화도를 부여받는다. 그러므로 협화음의 일치 이론도 수학적 근거를 내세워 협화도를 설명하는 장점이 있지만 인간의 감각으로 인지되는 협화도와는 차이가 벌어지는 결과를 내놓는다. 그리하여 이후에도 수학적 이론과 경험의 차이에서 어느 쪽을 취할 것인가를 놓고 갈등이 지속되었다.[6]

18세기에 이르러 프랑스의 과학자인 소뵈르(Joseph Sauveur, 1653~1716)는 음향학 실험 연구를 통하여 소리를 구성하는 부분음의 존재를 인식하였다. 그는 악음에 기본음 외에 그것과 다른 진동수를 갖는 배음들이 존재한다는 것을 확인했다.[7] 이후 다른 과학자들은 악음 속에 존재하는 배음렬의 존재를 파악했다. 특히 현악기에서 나오는 소리는 기본음 진동수의 자연수 배에 해당하는 진동수를 갖는 배음들을 포함한다는 사실이 알려졌다. 이러한 사실에 입각하여 프랑스의 음악가이자 음악 이론가인 라모(Jean-Philippe Rameau)는 진동하는 현에서 나오는 음이라는 자연적 현상에 토대를 둔 화음 이론을 제시하였다. 그는 왜 단순한 비를 갖는 음들이 협화적인가에 대해 새로운 설명을 제시하였다. 배음렬은 어떤 악음에서 기본음의 진동수가 f이면, $2f$, $3f$, $4f$, $5f$ …의 진동수를 갖는

수식어를 바꿔 부르면 된다. 음정을 나타내는 비는 앞과 뒤가 바뀌어도 같은 음정을 나타낸다. 음정을 분수로 표현할 때는 비로 표현할 때 사용한 수를 분모와 분자에 배치하면 되는데, 분자에 분모보다 큰 수를 쓴다.

6 구자현, 『음악적 아름다움의 근원을 찾아서』, pp. 227–229.

7 구자현, 『음악과 과학의 길: 본질적 긴장』, pp. 148–152.

배음들이 함께 나오면서 자연스럽게 형성된다. 배음렬은 주로 현악기와 관악기에서 나오는 소리에서 주로 발견되는데, 이 자연적인 현상 속에 흔히 협화음이라고 부르는 음정들이 내재되어 있는 것이다. 배음렬에서 연속적으로 발생하는 비는 각각 주요한 협화음과 연결된다. 1:2는 옥타브, 2:3은 완전5도, 3:4는 완전4도, 4:5는 장3도, 5:6은 단3도, 6:7과 7:8은 단3도와 온음 사이의 음정에 해당하고, 8:9는 장온음, 9:10은 단온음에 해당한다. 그 뒤로는 작은 음정들이 연속으로 이어지게 되는데 반음은 15:16에 해당한다. 반음은 장3도(5:4)와 완전4도(4:3)의 차이(5/4÷4/3=16/15)에 해당한다.[8] 이렇게 어떤 음 속에 자연적으로 포함되어 있는 배음들의 진동수를 기본음 진동수로 갖는 음들은 원래의 음과 잘 어울린다는 것이 라모의 생각이었다. 그렇지만 라모는 두 음에 존재하는 배음들 사이의 어울림 문제에 대해서 과학적인 이론을 제시하지는 않았다.

당시 과학자들은 라모의 이론을 통해 부분음의 존재가 음악적으로 더욱 정당성이 확고해졌고 배음렬에 의거한 협화성의 설명이 정당하다고 여겼다. 주요 협화 음정으로 널리 활용되는 옥타브, 5도, 4도, 장3도, 단3도 등은 배음렬의 처음에 분포하여 화성의 개념을 형성하는 데 당연히 기여해 왔으리라는 추정이 설득력을 부

---

8 두 음정의 합에 해당하는 음정의 분수는 두 음정을 나타내는 분수를 곱하여 얻고, 두 음정의 차에 해당하는 음정의 분수는 큰 음정을 나타내는 분수를 작은 음정을 나타내는 분수로 나누어 얻는다. 가령, 완전4도와 완전5도를 더하면 4/3×3/2=4/2=2/1가 나와 옥타브임을 알 수 있다.

여받았다. 이 입장에 따르면 배음렬에 대한 친숙한 경험으로부터 그 안에 있는 부분음으로 음계를 구성하는 것이 사람들에게 편안한 느낌을 준다. 이것은 수학적이고 선험적인 자연의 수학적 질서라는 보편성으로부터 연역적으로 작은 정수비의 협화성을 정당화해 왔던 전통적인 수학적 설명과는 확실히 차별화되는 생각이었다. 그렇지만 이러한 설명이 설득력을 얻기 위해서는 생리적·심리적 차원의 설명이 필요했고 이러한 이론에 대한 경험적 증거가 필요했다. 이 분야에서는 헬름홀츠가 가장 앞서 나갔다. 이에 대해서는 '헬름홀츠의 화음 이론'을 다룰 때 자세히 설명하겠다.

3.
음악을 듣는 뇌의 작용

우리는 복합음을 듣지만 왜 그것을 하나의 단일한 소리를 듣는다고 여기는가? 복합음이 귀로 들어오면 귀의 고막이 복잡하지만 주기적으로 진동을 한다. 고막의 진동에 따라 청소골도 진동하고 그 진동을 난원창으로 전달함으로써 달팽이관의 림프액이 복잡한 진동을 한다. 고막이나 청소골은 이 복잡한 진동이 배음들의 합으로 이루어져 있다는 것을 알지 못한다. 그것을 알게 되는 것은 다음 단계이다. 진동하는 림프액은 기저막의 위치에 따라 각기 다른 공명 진동을 일으킨다. 각기 다른 부분음들은 각기 다른 공명 구역을 갖게 된다. 공명 구역은 음고가 올라가면서 좁아지고 더 많이 겹치게 된다. 제7 부분음부터 겹침이 심해져 분리해서 듣기가 어려워진다.

실제로 복합음을 하나의 음으로 인지하는 것은 맥락 의존적이다. 음악적 맥락, 즉 선율 속에서 하나의 복합음을 하나의 음으로 인식하는 것이지, 그 음을 단독으로 들려주었을 때에는 개별적인 부분음들을 듣게 된다. 복합음을 통으로 듣는 것은 '공간적 패턴 인식 과정'인 것이다. 기저막 위에서 극대 진동 사이의 거리 관계를 인식하는 것이다. 복합음의 음고는 이러한 공간적 인식 과정의 최종 출력 신호로 간주될 수 있다.

전자 기기를 활용하여 단순음을 배음렬을 이루도록 배열하여 동시에 울리면서 복합음 청취 테스트를 해 보면 복합음 전체를 하나의 음고와 음량과 음색을 갖는 하나의 음으로 인식하기보다는 개별적인 음고와 음량과 음색을 갖는 단순음을 식별해 내려는 방식으로 청각이 작동하는 것을 확인할 수 있다. 이렇게 만들어진 복합음들을 단순음들 간의 상대적 세기를 유지하면서 선율을 만들어 가면 사람의 뇌는 개별 복합음을 이제서야 하나의 음고와 음량과 음색을 갖는 단일한 음으로 인식하게 된다. 일반적인 악기로 선율을 연주하는 양상으로 전개되면 사람은 악기에서 나오는 소리를 흔히 그러하듯이 단일한 음고와 음량과 음색을 갖는 단일한 음으로 인식한다. 또 다른 실험에서는 전자적으로 배음렬을 이루도록 합성된 복합음으로 어떤 곡을 연주하면서 특정한 부분음을 제거하는 방식으로 음색을 변형시켜 나갔더니 사람들은 정작 기본음이 상실된 경우에도 기본음이 선율을 이어 가는 것으로 인식한다는 사실이 드러났다. 이런 점에서 사람의 뇌는 듣고자 하는 소리를 듣는 것이다.

음색의 감각은 기본음에 대한 다른 부분음들의 상대적인 세기 분포에 의해서만 이루어지는 것이 아니라 고정된 임계 대역(CB)에서 소리 에너지의 절대적 분포에 의해서도 이루어진다. 이것은 레코드를 조금 느리게 돌리거나 자기 테이프를 조금 느리게 돌릴 때 기본음에 대한 다른 부분음들의 상대적인 세기 분포는 바뀌지 않았음에도 모든 악기들의 음색이 변한 것을 인식할 수 있는 것으로 쉽게 확인된다. 레코드나 테이프를 느리게 돌리면 소리 스펙트럼의 상대적인 세기는 변하지 않고 모든 스펙트럼이 이동만 하게 되는데, 이때에 모든 악기들의 음색이 변화된 것을 사람은 감지할 수 있는 것이다. 음색의 감각은 음량이나 음고의 감각과 같은 단차원의 기준에 의한 비교가 아니라 보다 많은 요소들이 개입되는 다차원의 기준에 의한 감각이다. 밋밋하거나(높은 차수의 배음이 부재), 코가 맹맹한 것 같거나(홀수 차 부분음으로 구성), 밝고 경쾌한(높은 차수의 배음이 풍부) 음색은 쉽게 해명되지만 금관악기 소리, 목관악기 소리, 현악기 소리, 타악기 소리 등을 구분하는 능력은 단순한 요소의 차이에 의해 쉽게 해명되지 않는다.

악기를 동정하는 감각은 두 단계로 형성된다. 첫째는 악기의 소리를 동정하고 악기의 이름 아래에 그 특성을 연결시켜 기억해 놓는 것이다. 둘째는 입수한 정보를 저장된 정보와 비교하는 것이다. 첫 단계는 학습과 조건화에 의해 이루어진다. 악기 소리에 대한 지식이 없는 어린아이에게 어떤 악기로 연주되는 곡을 들려주고 이 악기가 "피아노"라고 말해 주면 아이는 그 악기 소리의 특성을 기억하고 그것을 피아노에 연결시켜 둔다. 다음에 다른 곡을 들려주면서 이 악기가 무슨 악기냐고 물으면 아이는 "피아노?"라고 대답할 수 있는데, 이 악기는 "오르간"이라고 알려 주면 아이는 다시 그 악기 소리의 특성을 기억하고 그것을 오르간에 연결시켜 둔다. 분별 능력을 더 효과적으로 키워 주는 것은 같은 곡을 피아노와 오르간으로 연주해 주고 그것이 어떻게 다른지를 실제로 비교해 보게 하는 것이다. 두 악기의 연주 간격을 줄여 줌으로써 더 생생한 기억에 의지하여 둘을 비교할 수 있게 해 주면 더 효과적이다. 이것은 학습과 조건화에 해당한다. 반복되는 학습은 공고화를 가져와 단기 기억을 장기 기억으로 바꿔 놓는다. 그러면 나중에 시간이 한참 지난 후에 새로운 곡을 들려주면서 그것이 무슨 악기로 연주되는지를 물으면 피아노든 오르간이든 맞출 수 있고, 아니면 두 악기가 모두 아닌 새로운 악기 소리라고 답할 수도 있다. 이러한 판단은 대뇌에 저장되어 있는 악기의 소리에 대한 기억을 인출하여 새롭게 듣는 소리 정보와 비교하여 유사한지 아닌지를 결정하는 과정을 통해서 이루어진다. 이때 유사성의 기준이 무엇이 될 것인지가 음색이라는 용어로 기술되기는 하지만 음색이 한 요소로 이루어진 특성이 아니라는 점에 문제의 복잡성이 있다. 이것은 어떻게 음악가들이 연주되는 음악 소리의 독특성에 대하여 더 많은 식별 요소들을 부여하는가라는 의문과 함께 음악 감상에 대한 종합적 사고를 요구한다. 많은 음악 전문가들은 콩쿠르에서 여러 경연자들의 연주 중에서 가장 나은 연주를 식별할 수 있다고 보는데, 그 기준은 무엇일까? 한 사람의 연주자조차도 연습을 통해 더 나은 연주를 할 수 있게 된다고 하는데, 그것은 어떤 요소들에 의하여 판단되는 것일까? 같은 곡을 연주하더라도 A라는 연주가 B라는 연주와 다르고 오히려 B보다 더 낫다고 판단하는 데는 어떤 객관적 기준이 있는 것일까?

우리는 음악이 정보임을 알고 있는데 이러한 정보를 담고 있는 음악적 자극이 뇌의 신경 양상에 어떤 변화를 유발하는지를 알고 싶어 한다. 이러한 신경 양상은 어디까지가 타고나는 것이며 어디까지가 자라면서 노출된 환경에 영향을 받아 형성되는 것인지 아직 우리는 정확하게 알지 못한다. 우리는 먼저 정보가 뇌에서 어떻게 표상되는지를 살펴보아야 한다. 거기에는 두 가지 방식이 있다. 하나는 신속하게 변하는 신경 활동의 양상으로, 동적 방식이다. 이것은 개별 뉴런이 다른 뉴런에게 보내는 전기 신호의 시간적·공간적 분포인데, 신경 네트워크의 동작 상태로 나타난다. 다른 하나는 뉴런 간의 연결(즉, 시냅스)의 공간적 분포와 효율로 나타나는 준(準)정적 방식이다. 이것은 신경 네트워크의 내적 상태이자 하드웨어, 즉 시냅스 구조이다. 그것에 추가하여 화학적 정보 전달 체계도 존재한다. 신경 제어에 영향을 받아 혈류 속으로 방출되는 화학 물질(신경 전달 물질이나 호르몬)이 뇌의 특정 영역의 일시적 활동에 촉진자가 되거나 저해자가 되기도 한다.

동적 방식은 수 밀리초에서 수 초에 이르는 짧은 시간 동안 지속되는데, 가장 간단한 정보 처리 과정을 위해서 수백만 개의 뉴런이 관여하고 전위의 변화를 동반하는 에너지의 흐름이 있어야 한다. 이러한 변화가 fMRI나 PET의 실시간 영상을 통하여 나타나게 된다. 그렇지만 이러한 기술들은 뉴런 단위로 이러한 활동을 보여주지 못하기 때문에 이러한 기술들을 써서는 세포 단위에서 신경 활동을 관찰할 수 없다. 사람의 대뇌 피질에만 천억 개의 뉴런이 있고 각각의 뉴런은 수천 개의 다른 뉴런과 연결되어 있다. 각각의 구역은 수십만 개의 뉴런을 포함하고 있다. 감각 기관으로부터 오는 구심성 전송 체계가 연결되어 있는 대뇌 피질 구역에 있는 뉴런들은 특색 감지를 담당한다. 그렇지만 나비 모양을 보았다고 해서 대뇌 피질에 나비 모양이 활성화되거나, 트럼펫 소리를 들었다고 해서 대뇌 피질이 트럼펫의 진동수로 진동하는 일이 일어나지는 않는다. 대뇌 피질의 특색 감지 회로는 원래의 상을 해체하여 그것을 성분 특색으로 분해하여 다르게 사상한다. 예를 들면, 시각에서 하나의 물체에 속한 모서리나 선에 대한 반응은 그 물체에 일대일 대응을 이루는 하나의 신경 양상으로 변환되어야 한다. 마찬가지로 청각에서 하나의 악음의 배음들의 공명 구역에 해당하는 반응은 공간상으로 퍼져 있는데, 단일한 악음의 음색과 음고에 독특한 하나의 신경 양상으로 변환되어야 한다. 다시 말해서 하나의 복합음을 하나의 실재로 인식하는 것은 3차원 공간에서 하나의 물체를 그것의 색, 크기, 밝기에도 불구하고 하나의 실재로 인식하는 것과 정보 처리상 마찬가지이다. 이러한 변환 능력은 습득되기도 한다. 태어난 지 며칠 되지 않은 아기도 물체를 만지고 보면서 시각적으로 주어진 형태와 선을 하나의 물체에 속한 것으로 인식하게 된다.

뇌가 물체의 상이나 음악 소리를 어떻게 변환하여 신경 활동으로 나타내는지는 정확하게 알려져 있지 않다. 그러한 정신적 상은 생물학자들을 오랫동안 곤혹스럽게 만들어 왔다. 이러한 변환이 어떤 '마음'과 같은 추상화된 정신적 작용의 개입을 요구한다고 여겨졌기 때문이다. 그러나 최근에는 신경적 양상 자체가 어떤 다른 것이 아니라 그 자체가 상이라고 생각하는 급진적 사고가 주목을 받고 있다. 가령, 빨간 사과를 보거나 빨간 사과를 생각하거나 "빨간 사과"라는 말을 하거나 듣거나 글자를 보았을 때 뇌 속에서 활성화되는 구역은 한 가지라는 것이고, 그것은 어떤 의미에서 빨간 사과와 공통점을 갖는 뉴런의 활성화를 찾을 수 있다는 것이다. 그 공통의 반응은 모두 빨간 사과라는 인식에서 비롯되며 그것이

곧 빨간 사과에 대한 정신적 상인 것이다. 이에 대한 직접적인 실험 증거는 없지만 간접적인 증거는 많다. 복잡한 유형의 특정한 자극, 가령 어떤 사람의 얼굴이나 그 사람의 얼굴을 떠올리는 정보에 대하여 일정하게 반응을 보이는 신경 세포들이 있다는 것이 발견되었다. 거울 신경 세포는 실험 동물이 특정한 정서를 가질 때나 다른 개체의 정서에 공감할 때 반응한다는 것이 알려졌다.

이러한 과정에 중요하게 개입하는 것이 기억이다. 뇌는 상호 작용하는 여러 작동 모듈로 구성되어 있다. 감각기, 뇌간, 1차 감각 영역(primary sensory area)과 같은 변연계, 다음은 실행 수준(전두엽 피질), 그다음은 운동 출력 영역, 이런 식으로 순차적으로 수준이 변화하는 구별되는 모듈들이 존재한다. 그러나 실행 수준에서는 되먹임이 발생하여 1차 감각 영역으로, 심지어 감각기까지 되먹임이 있게 된다. 입력 자극에 특화된 신경 활동 분포가 몇 초간 지속되면 이것이 최초의 자극에 대한 단기 기억 또는 작업 기억이 되어 일시적으로 작동된다. 그러나 더 높은 수준에서 되먹임에 의하여 동일한 상이 촉발되면 이는 장기 기억이 된다. 그 정보는 준정적 상태인 시냅스 구조에 해당한다. 뇌의 중요한 기관으로서 각 반구에 하나씩 있는 해마가 장기 기억의 중심 역할을 담당하고 있다. 외부 자극이 없이 해당하는 자극 특화 신경 활동 분포가 더 높은 수준의 되먹임에 의해 활성화되는 것을 기억 회상(memory recall)이라고 한다. 다시 말해서 실제 사건이 인지되었을 때의 신경 활동 분포를 재현하는 방식으로 기억 회상이 이루어진다. 기억 중에서 절차 기억의 회상은 시간 연장을 가지고 이루어진다. 자전거를 탈 줄 알지만 10년 동안 자전거를 타지 않다가 10년 만에 처음 자전거를 타는 사람이 자전거가 넘어지려는 쪽으로 핸들을 트는 것은 이러한 절차 기억 회상에 따라 자동으로 이루어진다. 반복되는 유사 동작이나 전화번호를 되뇌는 것은 단기 기억을 장기 기억으로 바꾸는 과정인데, 단기 기억이 화학적 작용에 의해 농도가 유지되는 동안에만 일시적으로 지속되는 반면에, 반복되는 감각 경험이나 회상 경험은 새로운 단백질의 합성을 통해 시냅스 구조를 변경시키는 방식으로 장기 기억을 고착화한다. 음악의 연주와 연습에서 이러한 과정은 핵심적인 역할을 한다. 또한 시간 연장 기억에서는 소뇌가 중심적인 역할을 한다.

뇌가 뭔가를 기억한다는 것은 외부 자극이 유발한 신경 활동 양상을 저장해 놓는 것이 아니라 그러한 신경 활동 양상을 유발하는 방식을 저장해 놓았다가 회상이 그 방식의 작동을 촉발하면 해당하는 신경 활동 양상을 재현하는 것이다. 이러한 사실은 특정한 지각에 관여한 신경 세포군이 실제 그 사물을 다시 지각하거나 그것을 회상할 때에 다시 동일하게 활성화된다는, fMRI나 PET 관찰 결과를 통해 지지되고 있다. 물론 이것만으로는 동일한 신경 활동의 시간적·공간적 분포가 상이 형성될 때 동일하게 재현된다는 것을 입증했다고 볼 수는 없다. 그렇지만 신경 세포 수준에서 활성화가 이루어지는 양상은 이러한 가설을 뒷받침한다.

음악에서 특정한 악기의 외양과 음색 사이의 연상은 어떻게 일어나는지 뇌의 작용을 정리해 보자. 악기의 외양에 의한 시각적 자극 패턴을 P_S, 악기의 소리에 의한 청각적 자극 패턴을 Q_S라고 하자. 이러한 자극들이 1차 감각 영역의 수준 A에서 일으키는 신경 활동 패턴을 각각 P_A, Q_A라고 하자. 그리고 더 높은 수준, 즉 2차 수준 B에서 일으키는 패턴을 각각 P_B, Q_B라고 하자. 이 두 가지 자극이 거의 동시에 일어나는 일이 계속 반복될 경우에 시냅스 구조에 변화가 생기면서 두 사건이 동시에 발생하는 것에 대한 새로운 패턴이 B 수준에서 형성된다. 이를 $(PQ)_B$라고 부르자. 이 새로운 패턴은 P나 Q 중 어느 한쪽의 입력, 가령 P_S가 들어오면 촉발된다. $(PQ)_B$가 촉발되면 되먹임에 의해 A 수준에서 P_A, Q_A가 나타난다. 이러한 과정의 결과로 P_S는 Q_S가 없을 때에도 Q_A를 촉발할 수 있다. 다시 말하면 악기를 보면서 악기 소리 듣기를 반복하면 악기를 보기만 해도 악기 소리를 떠올리게 된다는 것이다. 이를 연관 회상(associative recall) 또는 연상이라고 한다. 반대 방향의 연상도 가능하다. 즉 악기를 보면서 악기 소리 듣기를 반복하면 악기 소리를 듣기만 해도 악기의 외양이 떠오른다. $(PQ)_B$가 형성되는 과정은 신경에서 일어나는 학습 과정에 해당한다. 시냅스 구조라는 하드웨어에서 일어난 변화는 장기 기억이 형성되는 과정에 해당한다. P와 Q는 각기 다른 감각 기관으로부터 유입되는 입력에 해당하는데,

그 결과로 생성되는 높은 수준의 패턴은 구분 없이 형성될 수 있다. 어떤 경우에는 *P*와 *Q*가 동일한 대상의 상이한 부분일 수도 있다. 이때 *P*가 *Q*에 비하여 훨씬 단순한 경우가 있는데, *P*를 기억해내는 것만으로 *Q*가 연상될 경우에 *P*를 '단서'(key)라고 한다. 가령, 어떤 사람의 뒷모습을 보았는데 30여 년 전에 헤어진 중학교 선생님 이름과 얼굴이 떠오르면서 그 선생님과 함께했던 친구들의 얼굴과 선생님의 특이했던 말투와 인상적이었던 사건들이 낱낱이 떠오르는 경우가 있다. 이런 경우는 정확하게 일치하는 자극이 아니라 '노이즈'가 있는 자극에 의해 원래의 자극에 대한 연상이 명쾌하게 이루어진 것에 해당한다. 실제로 컴퓨터와 비교해 보았을 때 두뇌의 작용에서는 소프트웨어가 없다. 기억, 사고, 실행 등이 하드웨어의 변화, 즉 뉴런 사이의 시냅스의 구조와 효율의 변화에 의해 작동된다.[9]

청각에서는 정보 처리 과정상 반구 측위화에 따라 순차적 작용과 종합적 작용으로 임무를 분담하여 처리한다. 이러한 임무 분담이 일어난 것은 사람이 말을 하게 되면서 효율성을 높이기 위한 진화의 결과로 판단된다. 말을 하게 되면서 처리해야 할 정보의 양이 엄청나게 증가하였고, 그 처리 속력에 대한 요구 때문에 좌반구가 언어 처리를 전담하는 방향으로 임무 분담이 일어난 것으로 보

---

9 Roederer, *The Physics and Psychophysics of Music*, pp. 163-164.

인다. 양쪽 반구가 정보를 교환하려면 50밀리초가 걸리는데, 언어 지각에서는 그 정도의 시간 소요가 용인되지 않는 것이다. 순차적 임무를 좌반구 측두엽에 신속하게 할당함으로써 시간 소요를 줄이는 것이 해결책이었던 것이다. 그리하여 97%의 사람이 좌반구 측두엽에 언어 중추를 갖는다. 측두엽에서는 형태소 양상 인식 체계, 사전적 의미 처리 등이 일어나는 위치가 확인되었다. 그리고 보다 고차원의 언어 분석을 위한 다른 부위들의 활동에 대한 연구도 이루어졌지만 언어 처리 과정이 정확하게 어디에서 어떻게 이루어지는지는 알려져 있지 않다. 우반구에서 음향학적 정보 처리는 더 넓은 구역에 퍼져 이루어지고 있는데, 이에 대한 탐구는 아직 미진하다. 기본적으로 언어에서 형태소나 사전적 의미 처리는 음악에서는 복합음, 화음, 선율 분석에 해당한다. 우리가 어떤 선율을 상상하거나 누가 입으로 한 말을 생각할 때 전전두엽 피질에서 신경 활동이 유발되는데, 그 패턴이 실제로 원래의 선율이나 말을 들을 때 형성되는 패턴과 유사하다. 우리가 어떤 음악을 듣기를 기대하거나 예상할 때에는 그 음악을 실제로 들을 때와 동일한 부위가 활성화되는 것을 확인할 수 있다. 실제 음악이 들릴 때 그러한 예상되었던 특징이 결여되어 있다 하더라도 그 특징을 예상했다면 여전히 그 부위의 활성화는 지속되는 것을 확인할 수 있다. 이는 혈당 체크를 받으려는 사람이 손가락 끝을 찔릴 것을 두려워할 때 마치 그 부위를 찔린 것과 같은 고통을 느끼고 아파하기도 하는데 우리는 그런 경우에 엄살을 부린다고 말한다. 그렇지만 손가락 끝을 찔렸을 때 활성화되는 뇌의 부위가 찔릴 것을 예상할 때 활성화되는 뇌의 부위와 같은 것을 통하여 실제로 뇌는 통증을 느끼고 있다고 말할 수 있다. 기본음이 손실된 음을 우리가 들을 때에도 늘 기본음이 가미된 소리에 익숙해진 사람에게는 그 소리가 들릴 때 활성화되는 부위가 동일하게 활성화됨으로써 뇌는 기본음을 듣게 되는 것이다. 이런 현상은 말을 들을 때에도 비슷하게 발생한다. 우리가 일상생활에서 어떤 사람이 하는 말을 모두 알아듣는 것이 아닌데도 이해하는 데 별로 어려움이 없는 것은 들리지 않는 소리를 채워서 듣기 때문이다. 우리는 여러 차례의 익숙한 경험을 통하여 어떤 특정 상황 속에서 누가 어떤 말을 할지를 어느 정도 예상하고 있기 때문에 그 상황에 맞는 소리를 들은 것으로 간주하고 해석에 들어간다. 그렇지만 외국인의 경우에는 정말 들리는 소리로만 해석을 하려고 하기 때문에 잘 듣지 못하는 일이 발생한다. 이 경우에도 계속되는 듣기와 말하기 연습을 통하여 소리와 말에 익숙해지면 이러한 문제를 해결해 나갈 수 있다.

우리가 음악을 들을 때 리듬을 파악하는 데에는 뇌 속에 내재하는 '자연적 시계'의 작동이 중요한 역할을 한다. 기저핵과 소뇌는 운동 제어에 중심적인 역할을 할 뿐만 아니라 시간 제어 기능도 담당하고 있는 것으로 알려져 있다. 음악에서는 수 초간 지속되는 음부터 1초를 여러 개로 쪼갠 시간 동안 지속되는 짧은 음에 이르기까지 다양한 지속 시간을 갖는 음들이 배열되어 몇 분에서 수 시간에 이르는 하나의 곡을 구성한다. 이러한 음악을 만들어 내고 기억하는 사람의 뇌 속에는 '스톱워치' 기능을 담당하는 메커니즘이 있다. 운동 피질은 대뇌에 있어서 수의적인 운동을 주로 조절한다. 그렇지만 소뇌와 기저핵은 숙달되어 생각하지 않아도 일어나는 운동들을 조절한다. 평균대 위에서 재주를 넘는 체조 선수의 섬세한 몸동작은 반복된 훈련을 통하여 생각 없이 자동으로 이루어지는데, 이러한 일은 주로 소뇌가 관여하여 일어난다.

기저핵의 두 부위인 선조체와 흑색질은 서로 대립적으로 신체 운동을 조절한다. 뇌의 이상으로 발생하는 운동 장애로는 헌팅턴 무도병과 파킨슨병이 있다. 이 두 질병은 그 증세가 서로 대조적이다. 전자는 신체의 근육들이 제멋대로 움지여서 거칠고 통제할 수 없는 운동을 유발한다. 반면에 파킨슨병은 근육의 경직과 떨림으로 인해 움직이려 해도 근육이 제대로 움직여 주지 않는다. 이러한 대조적인 증세는 대립적으로 작용하는 기저핵의 두 부위에서 일어난 손상 때문에 발생한다. 비정상으로 보이는 운동 장애는 이러한 상호작용의 불균형에서 온다. 선조체가 손상을 입으면 헌팅턴 무도병에 걸리고 흑색질이 손상을 입으면 파킨슨병에 걸린다. 이러한 사실로부터 신경학자들은 선조체가 신체 운동을 억제하고 흑색질이 신체 운동을 유발하는 역할을 한다는 것을 알게 되었다. 그리하여 흑색질의 기능을 항진시키는 약을 쓰면 파킨슨병의 증세가 완화되는데, 선조체의 기능을 억제하는 약을 써도 파킨슨병의 증세를 완화할 수 있다. 이로써 기저핵의 두 부위인 선조체와 흑색질이 몸의 반복되는 운동을 통제함을 알 수 있다. 이러한 몸의 통제된 운동은 시간의 통제와 인지에 직결되어 있다. 사람에게 있어서 본질적인 리듬감은 사람이 걷는 행동으로 유발되었다고 할 수 있다. 반복되는 걸음에서 자연스럽게 2박자나 4박자 리듬이 도출되고 춤 동작에서 3박자와 같은 다른 형태의 리듬이 도출된다. 그러므로 음악의 리듬은 몸동작(춤 또는 무용)에서 기원했다고 말할 수 있다.

4.
화음의 형성과 지각

음악에서, 유사하여 혼용되지만 구분해야 하는 용어가 화성(harmony)과 화음(chord)이다. 화성은 악곡의 진행에서 소리가 어우러져 만들어 내는 어울림을 지칭한다. 화성이 수립되기 위해서는 시간적 진행에 따라 음의 배열이 고려되어야 하고 동시에 울리는 음의 배치가 고려되어야 한다. 사람의 귀는 이어지는 소리 감각을 받아들이지만 사람의 뇌에서는 앞선 소리와 뒤이어 오는 소리가 어떤 관계에 있는지를 파악하여 그 어울림을 생각하게 된다. 그러므로 화성은 동시에 울리는 소리에서 고려될 뿐 아니라 이어서 울리는 소리에서도 고려된다. 화성을 이루기 위해서는 화음이 필요한데, 화성이 전체적인 악곡의 흐름에서 고려되는 것인 반면에 화음은 짧은 시간 동안 소리의 어울림을 지칭하기 때문에 화음의 지속 시간은 제한적이다.

화음은 세 개 이상의 음이 어우러져 만들어진다. 그러므로 우리는 세 개의 음으로 이루어진 화음, 즉 3화음에 우선적으로 집중해 보자. 3화음은 더 많은 수의 음을 포함하는 화음의 토대가 되기 때문에 3화음을 이해하면 나머지를 이해하는 것은 어렵지 않다. 3화음 중에서 가장 유명한 것이 으뜸 3화음, 딸림 3화음, 버금딸림 3화음이다. 이들 화음은 가장 잘 어울리는 화음으로 알려져 있다. 이들은 왜 가장 잘 어울리는 화음일까?

으뜸 3화음은 도-미-솔, 딸림 3화음은 솔-시-레′, 버금딸림 3화음은 파-라-도′로 이루어진다. 각각의 3화음에는 둘씩 짝지을 수 있는 음의 관계가 세 개씩 존재한다. 으뜸 3화음의 경우에는 '도-미', '미-솔', '도-솔'이 그것이다. 이 짝들이 각각 협화음을 형성하느냐, 불협화음을 형성하느냐에 따라 화음의 속성이 결정된다. '도-미'는 장3도의 음정을 이루므로 4:5의 진동수 비를 이루어 협화음에 속한다. '미-솔'은 단3도의 음정을 이루므로 5:6의 진동수 비를 이루어 장3도보다는 협화도가 떨어지지만 역시 협화음을 이룬다. '도-솔'은 완전5도의 음정을 이루므로 2:3의 비를 이루어 좋은 협화음에 속한다.

딸림 3화음은 '솔-시-레''로 이루어지므로 세 개의 음이 만들어 내는 세 쌍의 음정이 있다. '솔-시', '시-레'', '솔-레''가 그것이다. '솔-시'는 검은 건을 두 개 포함하는 3도이므로 장3도이고 '시-레''는 검은 건을 하나 포함하는 3도이므로 단3도이다. '솔-레''는 장3도와 단3도가 합쳐진 음정이므로 완전5도에 해당한다. 딸림 3화음은 앞의 으뜸 3화음과 마찬가지로 장3도, 단3도, 완전5도라는 협화음으로만 구성되는 협화도가 높은 3화음이다.

버금딸림 3화음은 '파-라-도''로 이루어지므로 세 개의 음이 만들어 내는 세 쌍의 음정은 '파-라', '라-도'', '파-도''이다. '파-라'는 검은 건을 두 개 포함하는 3도이므로 장3도, '라-도''는 검은 건을 하나 포함하므로 단3도, '파-도''는 장3도와 단3도가 합쳐진 5도이므로 완전5도이다. 이와 같이 버금딸림 3화음은 협화음으로만 구성되어 있는 협화 화음이다.

그러면 딸림 7화음은 어떠한가? 딸림 7화음은 '솔-시-레'-파''로 구성된다. 딸림 3화음에 '파''가 더해진 화음인데, 딸림 3화음은 협화음으로만 구성되어 있었지만 '파''가 더해지면서 새로운 음정 세 개가 더 생긴다. '솔-파'', '시-파'', '레'-파''가 그것이다. '솔-파''는 7도인데 '시-도'', '미'-파'' 사이가 반음이므로 장7도로, 8:15의 비를 이루는 대표적인 불협화음이다. '시-파''는 5도인데 역시 검은 건을 둘 포함하므로 '도-솔'이 완전5도로서 검은 건을 세 개 포함하는 것과 비교하면 감5도임을 알 수 있고 이는 불협화음이다.

'레'-파''는 3도로서 검은 건을 하나 포함하므로 단3도여서 그나마 협화음이다. 이렇게 딸림 7화음은 7음인 '파''가 추가되어 불협화음이 둘이 발생함으로써 화음 전체를 불협화 화음으로 만든다.

우리는 기타의 여러 코드(chord, 화음)를 가지고 같은 작업을 할 수 있다. 기타에는 현이 여섯 개 있는데 현의 굵기가 각각 다르다. 가장 가는 현에서 굵은 현으로 1번부터 6번까지 번호가 매겨져 있다. 각 현은 개방된 상태에서 1번 E(미), 2번 B(시), 3번 G(솔), 4번 D(레), 5번 A(라), 6번 E(미)로 조율된다. 1번 E는 6번 E의 두 옥타브 위의 음이다. 기타는 여러 종류의 코드를 왼손 손가락으로 짚고 오른손 손가락이나 픽(pick)으로 현을 뚱겨 소리를 낸다. 기타는 운지판에 현에 대하여 수직으로 프렛이 붙어 있어 프렛과 프렛 사이를 누르면 뚱기는 현의 길이가 프렛 하나의 간격만큼 짧아져서 음고가 높아지는데, 프렛 하나의 간격이 반음으로 조율되어 있다. 다음 표는 기본적인 기타 코드에 포함된 음정을 탐색한 것이다. 기타 코드의 명칭은 기본적으로 가장 밑의 음인 근음(根音, root)의 명칭을 대문자 알파벳으로 쓰고 그다음에 쌓은 음정이 장3도이면 아무런 표시도 하지 않는데, 이것이 '메이저 코드'이다. 그다음에 쌓은 음정이 단3도이면 단음정이라는 의미의 'minor'의 첫 자를 따서 'm'을 붙이는데, 이것이 '마이너 코드'이다. 감음정이면 'diminished'를 의미하는 'dim'을 붙이는데 이것이 '디미니쉬드 코드'이고, 증음정이면 'augmented'를 의미하는 'aug'를 붙여 주는데 이것이 '오그멘

표 5-3 대표적인 기타 코드(1)

코드 이름		C	D	Dm	D$_7$	F
코드 그림			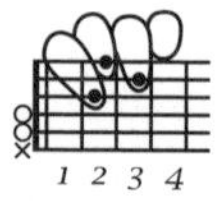	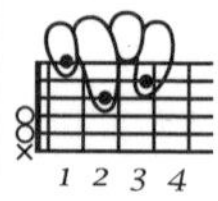		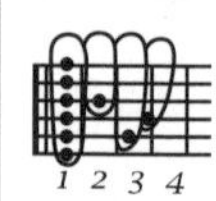
현	1번(E)	E	F#	F	F#	F
	2번(B)	C	D	D	C	C
	3번(G)	G	A	A	A	A
	4번(D)	E	D	D	D	F
	5번(A)	C	A	A	A	C
	6번(E)	G	–	–	–	F
음의 정돈		C–E–G	D–F#–A	D–F–A	D–F#–A–C	F–A–C
구성 음정		장3도(C–E) 단3도(E–G) 완전5도(C–G)	장3도(D–F#) 단3도(F#–A) 완전5도(D–A)	단3도(D–F) 장3도(F–A) 완전5도(D–A)	장3도(D–F#) 단3도(F#–A) 완전5도(D–A) 단7도(D–C) 단3도(A–C) 감5도(F#–C)	장3도(F–A) 단3도(A–C) 완전5도(F–C)
설명		근음이 C이고 1음 C에서 3음 E까지 음정이 장3도이므로 C 메이저 코드	근음이 D이고 1음 D에서 3음 F#까지 음정이 장3도이므로 D 메이저 코드	근음이 D이고 1음 D에서 3음 F까지 음정이 단3도이므로 D 마이너 코드	근음이 D이고 7음 C가 추가되어 D 세븐스 코드	근음이 F이고 1음 F에서 3음 A까지 음정이 장3도이므로 F 메이저 코드

티드 코드'이다. 세 개의 음을 쌓은 후에 하나(7음)를 더 쌓아 만든 7화음이면 'seventh'를 의미하는 '7'을 붙이는데 이것이 '세븐스 코드'이다. dim, aug, 7이 붙은 코드는 불협화 음정을 하나라도 포함하는 코드이므로 불협화 화음으로 판단하면 된다. [표 5-3]과 [표 5-4]는 대표적인 기타 코드의 이름의 연원과 협화성을 코드에 포함된 음정들을 분석하여 정리한 것이다. 코드 그림에서 가장 위쪽 현이 1번, 가장 아래쪽 현이 6번이다. 코드 그림에서 ○로 표시

표 5-4 대표적인 기타 코드(2)

코드 이름		G	G_7	Am	Em	A_7
코드 그림		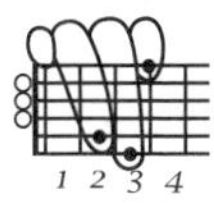	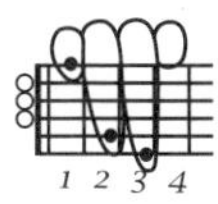	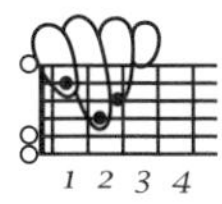	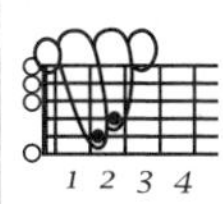	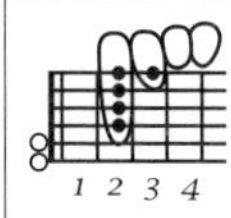
현	1번(E)	G	F	E	E	G
	2번(B)	B	B	C	B	C#
	3번(G)	G	G	A	G	A
	4번(D)	D	D	E	E	E
	5번(A)	B	B	A	B	A
	6번(E)	G	G	E	E	E
음의 정돈		G–B–D	G–B–D–F	A–C–E	E–G–B	A–C#–E–G
구성 음정		장3도(G–B) 단3도(B–D) 완전5도(G–D)	장3도(G–B) 단3도(B–D) 완전5도(G–D) 단7도(G–F) 단3도(D–F) 감5도(B–F)	단3도(A–C) 장3도(C–E) 완전5도(A–E)	단3도(E–G) 장3도(G–B) 완전5도(E–B)	장3도(A–C#) 단3도(C#–E) 완전5도(A–E) 단7도(A–G) 단3도(E–G) 감5도(C#–G)
설명		근음이 G이고 1음 G에서 3음 B까지 음정이 장3도이므로 G 메이저 코드	근음이 G이고 7음 F가 추가되어 G 세븐스 코드	근음이 A이고 1음 A에서 3음 C까지 음정이 단3도이므로 A 마이너 코드	근음이 E이고 1음 E에서 3음 G까지 음정이 단3도이므로 E 마이너 코드	근음이 A이고 7음 G가 추가되어 A 세븐스 코드

된 현은 개방현이고 ×로 표시된 현은 뚱기지 않는다. 가장 왼쪽에 굵은 선과 가는 선이 평행하게 수직으로 그어진 곳을 '너트'라고 부른다. 그 밖에 세로로 그은 선은 프렛을 의미한다. 너트와 1번 프렛 사이의 현을 누르면 개방현보다 반음 높은 음이 나오고, 1번 프렛과 2번 프렛 사이에서 현을 누르면 개방현보다 두 반음 높은 음이 나온다. 이렇게 너트에서 누르는 위치가 한 칸씩 멀어지면서 반음씩 음이 올라간다.

우리 뇌는 불협화음과 협화음이 함께 들릴 때에는 불협화음으로 지각하고 협화음만 들릴 때에야 협화음으로 지각한다. 협화음에 의해 불협화음이 가려지거나 희석되지 않는 것으로 느낀다. 시각적으로 아름다운 디자인 속에 어울리지 않는 한 가지 요소가 섞여 들어갔을 때 그 한 가지 요소 때문에 온갖 아름다운 요소들이 모두 무용지물이 되는 것과 마찬가지이다. 이런 측면에서 우리는 순수와 잡다를 구분한다. 순수와 순수의 합은 순수이고, 잡다와 잡다의 합은 잡다이며, 순수와 잡다의 합은 잡다가 된다. 그런 의미에서 가치 있지만 그만큼 지켜 내기가 힘든 것이 순수이다. 따라서 협화가 불협화보다 더 큰 가치를 갖는다고 말할 수 있을 것 같다. 음악에서 전통적으로 협화가 불협화보다 더 큰 가치를 갖는다는 인식이 있었고 그에 따라 음계조차 가능한 한 협화음이 발생할 수 있는 배열을 얻으려고 노력하였다. 그럼에도 불구하고 음악에서 오로지 협화음만 사용하는 것이 좋은 음악을 만드는 비결이라고 생각되지는 않는다. 불협화는 변형이요, 긴장을 유발하므로 이완에 의해 해결되어야 할 화음인 것이다. 이렇게 협화와 불협화의 배열은 음악에 이야기를 만들어 내는 역할을 함으로써 음악이 밋밋하지 않고 시작과 전개와 결말을 갖게 만들어 준다는 점에서 협화와 불협화는 상호 협조적인 관계이다.

단순한 비를 협화로 인식하는 사람의 청각적 능력을 우주와 인간의 교감이라는 우주론적 차원에서 설명하려 했던 피타고라스처럼 거대 담론을 협화/불협화에서 끌어내지는 않더라도 인간의 지각이 특정한 진동수의 비를 선호한다는 사실로부터 인간의 지각 과정의 독특성을 말하지 않을 수 없다. 이러한 문제를 해결하기 위한 화음 이론에 대한 과학적 해명을 시도하는 일은 악음에 대한 과학적 이해가 사뭇 진척된 19세기 중반에 이르러서야 가능해졌다. 다음 절은 이에 대한 논의이다.

5.
헬름홀츠의 화음 이론

헬름홀츠는 19세기에 비약적으로 이룩된 음향학의 성과를 토대로 화음을 설명하려 한 최초의 인물이다. 그는 소리의 물리적 특성에 주의를 기울였을 뿐 아니라 사람이 어떻게 듣는가라는 심리학적 문제를 해명하기 위하여 노력하였다. 이는 그가 기본적으로 생리학자이면서 생리학을 물리학에 근거하여 설명하고자 하는 환원주의자였기 때문이었다. 그는 생리학 중에서 특히 감각 생리학에 많은 관심을 기울인 연구자였다. 그는 시각에 대하여 다수의 독창적인 성과를 내놓았을 뿐 아니라 소리와 청각에 대해서도 많은 독창적 성과를 이룩하였다. 그는 부분음의 존재를 과학적으로 입증하였고 악음의 아름다움의 근원을 과학적으로 설명하기 위하여 부분음의 개념을 사용하고자 하였다.

헬름홀츠가 악음의 화성을 설명하기 위하여 사용한 중요한 현상은 조합음의 생성이었다. 조합음은 함께 울리는 두 악음의 진동수가 f_1, f_2일 때, 원래의 음과 함께 들리는 nf_1-mf_2(n, m은 자연수)의 진동수를 갖는 음(차음)과 nf_1+mf_2(n, m은 자연수)의 진동수를 갖는 음(합음)을 말한다. 차음은 18세기에 이미 알려져 있었지만 합음은 헬름홀츠가 처음으로 검출하였다. 헬름홀츠는 조합음이 왜 나타나는지를 미분 방정식을 풀어서 해명하였다. 가장 간단한 형태이자 가장 강하게 들리는 조합음인 f_1-f_2의 진동수를 갖는 차음은 그 값이 맥놀이 진동수와 일치하지만 맥놀이와는 구분되는 현상이다. 맥놀이는 두 진동수가 근접해 있을 때 발생하는 것으로, 소리가 커졌다 작아졌다 하는 현상이지만, 차음은 두 진동수가 멀리 떨어져 있을 때에도 발생하는 것으로, 그 자체가 하나의 소리를 구성한다.

헬름홀츠는 불협화의 원인에 대한 자신의 심리학 실험을 토대로 맥놀이에 주목하였다. 부분음 사이에서 발생하는 맥놀이가 불협화의 원인이 되는 불쾌감을 일으킨다고 본 것이다. 그런데 음고가 비슷한 두 단순음을 가지고 실험해 보면, 맥놀이 진동수가 충분히 클 때에는 그것이 불쾌감을 일으키지 않지만 맥놀이 진동수가 작아지면 불쾌감이 커졌다. 그러다가 맥놀이 진동수가 충분히 작아지면 불쾌감이 다시 줄어들었다. 그리하여 맥놀이 진동수가 33Hz가 되어 1초에 33회 소리가 커졌다 작아졌다 하게 되면 가장 듣기 싫은 불쾌감이 유발된다는 것이 그의 실험의 결과였다. 정리하자면, 음고가 인접한 두 단순음이 동시에 울릴 때 맥놀이가 발생하는데, 그 맥놀이 진동수가 33Hz일 때 사람이 가장 불쾌감을 느낀다. 이러한 사실은 그가 일반 악음 사이의 화성을 이해할 때 토대가 되는 개념이었다.

헬름홀츠는 대부분의 현악기나 관악기에서 나는 음은 부분음이 배음렬을 이루는 복합음이라는 사실을 밝혀 냈고 그러한 배음렬을 {n, $2n$, $3n$, $4n$, $5n$, $6n$ …}으로 표현하였다. 각각의 진동수를 갖는 부분음들이 동시에 울린다는 의미이다. 두 벌의 배음렬을 구성하는 배음의 진동수 차이가 33Hz에 접근하게 되면 그 차이에 해당하는 진동수를 갖는 맥놀이를 일으키게 된다. 두 복합음이 옥타브의 음정을 이루면 높은 음의 배음들의 진동수는 모두 낮은 음의 배음들의 진동수에 포함된다. 그러므로 이런 경우에는 맥놀이가 발생하지 않는다. 그렇지만 5도, 4도, 장3도, 단3도 등으로 음정이 변하면 맥놀이가 생길 여지가 점점 많아지게 된다. 이런 방식으로 협화도는 점점 떨어지고 거칠기는 점차 증가하게 된다. 화음은 협화도가 큰 음정들로만 구성되도록 해야 협화음을 만들 수 있고 불협화 음정이 끼어들게 되면 불협화음이 된다.[10]

헬름홀츠가 생각하는 불협화음은 생리적·심리적 요인에 의해 비롯되는 것이었는데, 그것은 거칠기(roughness)라는 용어로 표

10 구자현, 『음악적 아름다움의 근원을 찾아서』, pp. 86-91.

현되었다. 헬름홀츠는 악음과 악음이 함께 울릴 때 그 악음을 구성하는 부분음 사이에서 일어나는 맥놀이에 주목하였다. 맥놀이는 두 소리의 간섭으로 소리의 진폭이 커졌다 작아졌다를 반복하는 현상으로, 사람의 청각에 소리의 세기가 그렇게 변화하면서 들리면 감각기가 피로해지고 그 결과 사람의 귀가 불편함을 느낀다는 것이다. 그래서 대략 33Hz 근처의 맥놀이 진동수를 가질 때 거칠기가 가장 커지기 때문에 그보다 느리거나 그보다 빠른 진동수를 갖는 맥놀이가 유발되는 간섭 상황에서는 협화도가 커진다고 보았다.

헬름홀츠는 수학적 계산에 의해서 바이올린 현에서 두 개의 다른 음고를 갖는 음이 흘러나올 때 진동수의 비에 따라 발생하게 될 거칠기를 구하여 그래프로 나타내었다. 그리하여 헬름홀츠는 〈그림 5-1〉과 같은 최초의 불협화 곡선을 그렸다. 이 곡선에 나타나듯이 동음(1:1), 옥타브(1:2), 5도(2:3), 4도(3:4), 3도(4:5)와 같은 대표적인 협화음 근처에서는 불협화도가 줄어들어 극솟값을 기록했고 그 값들에서 조금만 벗어나면 불협화도가 급격하게 증가하는 것을 확인할 수 있다. 그러므로 헬름홀츠가 생각한 음정과 협화도의 관계는 순정률에 따라 조율된 현에서 발생한 것으로, 평균율과 같은 무리수 비에 따라 조율되는 상황에서는 대표적인 음정에서 거칠기가 감소하는 것을 분명하게 확인할 수는 없었을 것이다. 이 최초의 협화/불협화 그래프는 왜 옥타브, 5도, 4도, 장3도 등의 주요

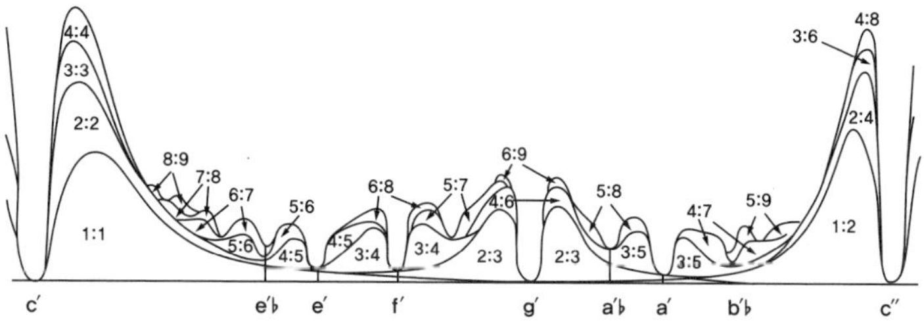

그림 5-1 헬름홀츠의 불협화 곡선

협화음들이 화음을 만들어 내는 데 중심적인 역할을 하게 되는지를 이해할 수 있게 해 준다.

헬름홀츠 이후에 이루어진 연구는 협화성의 경험적 근거를 확장시켜 주었다. 1960년대에 이루어진 플롬프(Reinier Plomp)와 레벨트(Willem Levelt)의 연구는 단순음을 가지고 수행한 경험적인 연구였는데, 두 단순음 사이의 불협화도는 서서히 증가하다가 5도에서 최대를 이룬 후에 서서히 떨어지는 형태를 띠었다. 이것은 일반적인 악음 사이의 경험적 협화와는 매우 다른 결과였다. 그렇지만 플롬프와 레벨트가 현악기에서 나오는 악음을 바탕으로 수행한 실험에서는 경험이 알려 준 협화에 대한 관념에 따라 간단한 정수배의 진동수 비에서 협화도가 크게 증가하는 결과가 나타났다.

미국의 독창적인 음악 이론가이자 작곡가였던 파치(Harry Partch)는 43음 정수비 음계를 고안하고 그것을 연주할 악기를 창안하였으며, 이어서 수행한 조율 과정에서 맥놀이를 사용하였다.

그는 협화성이 단순한 정수비의 결과라는 입장을 피력하였다.[11] 그는 이 현상을 합성파의 주기를 통해 설명하였다. 그는 합성파의 주기가 짧아질수록 음정의 협화성은 증가한다고 보았다. 이것은 17세기에 제기되었던 일치 이론과 동일한 설명 방식이다. 그는 자신의 43음 음계에서 나오는 정수비 음정의 협화성을 비교했다. 그는 자신의 탐구 결과를 "다리가 하나뿐인 신부: 상대적 협화성 그래프"(One-footed bride: A graph of comparative consonance)로 표현했다.[12] 이 그림은 헬름홀츠의 불협화 곡선과 매우 유사하다. 다만 이 그림은 수평으로 된 축을 수직으로 세우고 가운데를 반으로 접어서 그래프를 양쪽으로 그린 형태이다. 그리고 파치는 헬름홀츠가 불협화 곡선의 계곡으로 그린 부분을 협화 곡선의 봉우리로 그렸다. 그리하여 옥타브와 5도, 4도에서 봉우리가 나타난다. 파치는 이 그래프를 해석하면서 "각각의 협화음은 각자의 우주의 작은 태양이고 그 주위에는 불협화의 행성들이 모여 있다."라고 했다. 그는 음정을 네 종류로 나누었다. 힘(power), 긴장(suspense), 정서(emotion), 접근(approach)의 음정들이 그것이다. 힘 음정은 고대로부터 알려졌던 친숙한 완전 음정들이다. 긴장 음정은 3온음의 기능을 일반화하는 4도에서 5도 사이의 음정이다. 다양한 3도와 6도 음정은 정서 음정에 속하고, 접근 음정은 보통 지나가는 음이나 선율을 구성하는

11 구자현, 『음악적 아름다움의 근원을 찾아서』, p. 207.
12 William A. Sethares, *Tuning, Timbre, Spectrum, Scale*(London: Springer, 2005), p. 90.

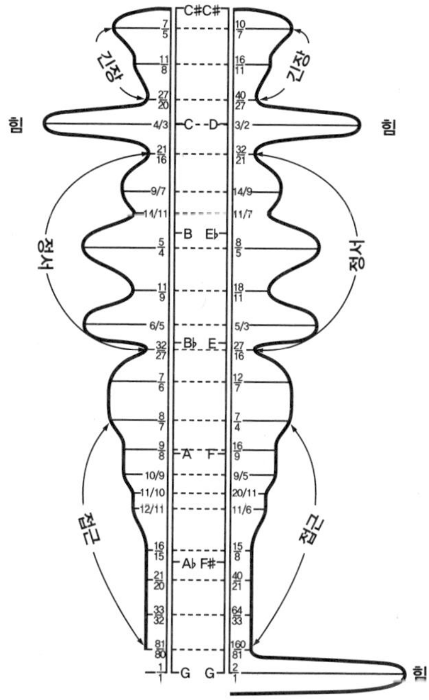

그림 5-2 다리가 하나뿐인 신부: 상대적 협화성 그래프

데 사용되는 음정들이다.

파치는 헬름홀츠처럼 자신의 협화성에 대한 개념이 평균율과는 거리가 멀다는 것을 잘 알았다. 평균율이 근사적으로 정수비 음계에 근접하기는 하지만 그러한 타협을 파치는 받아들이지 않았다. 그는 정수비가 아닌 소리가 귀를 고문한다고 생각했고 그의 평생을 정수비 음악에 대한 비전을 실현하기 위해서 헌신했다.

협화/불협화는 동시에 울리는 두 개 이상의 음이 중첩될 때 발생하는 주관적인 감각이다. 이는 음고, 음량, 음색과 비교하여 덜 명쾌하게 정의되는 본성을 갖는다. 모든 음악 문화권에서 특별한 음정들, 가령 옥타브, 5도, 4도 등을 선호하는 음악적 실행에 있었던 것에서 협화/불협화에 대한 감각 또한 보편성을 갖는 것으로 보인다. 심지어 태어난 지 몇 달 안 된 아기도 다른 음정과 달리 이런 음정에 대해서는 특별한 관심을 표현하는 것을 볼 수 있다. 이런 음정들은 배음렬에 나타나는 거의 같은 순서[1:2(옥타브), 2:3(완전5도), 3:4(완전4도), 4:5(장3도), 5:6(단3도)]대로 높은 가치를 부여받는다.

두 복합음이 동음을 이루거나 옥타브를 이룰 때 두 번째 음의 모든 배음들은 첫 번째 음의 배음들과 정확하게 일치한다. 이러한 특성은 옥타브를 음정 중에서 매우 특별한 상황에 놓이게 한다. 복합음들이 완전5도를 이룰 때 그 상황은 변화한다. 기본음 진동수가 $2n$, $3n$으로 완전5도를 이루는 두 복합음의 배음렬은 각각 {$2n$, $4n$, $6n$, $8n$, $10n$, $12n$, $14n$ …}, {$3n$, $6n$, $9n$, $12n$, $15n$ …}이므로 완전5도를 이루는 두 음 중 위의 음인 5음($3n$)의 모든 홀수 차 배음들($3n$, $9n$, $15n$ …)은 아래 음인 근음($2n$)의 배음들 사이에 놓이는 진동수를 갖는다. 5음의 짝수 차 배음들($6n$, $12n$ …)만이 근음의 배음들과 겹친다. 특히 5음의 세 번째 배음($9n$)은 근음의 제4 배음($8n$), 제5 배음($10n$)과 위험스러울 정도로 가깝다. 그리하여 기본음들의 진동수가 정확하게 조율되어 있을 때에도 기저막의 공명 구역이 겹칠 수도 있고 맥놀이가 나타날 수도 있다. 다른 음정인

4도, 3도, 6도에 대하여 같은 탐구를 실행하여 보면 충돌하는 배음들의 비율이 빠르게 증가하고, 차수가 점점 낮아지는 것을 볼 수 있다. 역사적으로 이러한 효과는 협화/불협화 감각의 주된 원인으로 고려되었다. 그리하여 이 순서로 협화도가 감소하고 불협화도가 증가한다고 말할 수 있다. 실제로 헬름홀츠 이래로 불협화는 맥놀이를 일으키는 배음의 수, 세기, 진동수와 연관되었다. 다시 말해 어떤 특정할 수 없는 이유 때문에 우리의 청각 체계는 맥놀이를 좋아하지 않는다. 결과적으로 우리 청각 체계는 완전한 동음과 완전한 옥타브를 선호한다.

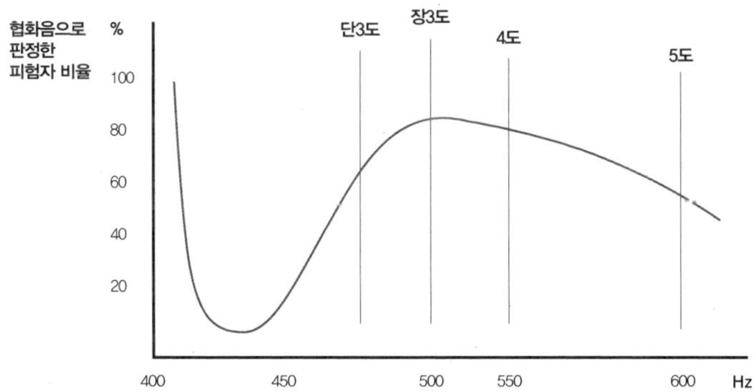

그림 5-3 여러 음정의 협화도

〈그림 5-3〉은 단순음으로 시행한 여러 음정의 협화도에 대한 측정 실험의 결과를 보여 준다. 이 실험 결과에서 단3도 이하로 음정이 벌어지면 동음인 경우를 제외하면 불협화음으로 판단됨을 알

수 있다. 단3도 이상일 때에는 실제 진동수에 상관없이 다소 협화적으로 판단된다. 곡선의 모양은 고정된 음의 절대 진동수에 의존한다. 이 모두가 잘못 조율된 동음의 거칠기 감각과 임계 대역(CB)에 관계된다. 이 실험의 결과는 다음과 같이 요약할 수 있다. (1) 두 단순음의 진동수가 임계 대역 밖에 놓이면 해당하는 단순음 음정은 협화적이라고 판단된다. (2) 두 단순음의 진동수가 일치하면 그것들은 완전한 협화로 판단된다. (3) 그것들의 진동수가 해당하는 임계 대역폭의 5% 내지 50% 범위에 있는 양만큼 다르면 그것들은 불협화적이라고 판단된다. 마지막 조건에 부합하는 두 단순음의 음정을 '기본 불협화음'이라고 부른다.[13]

이제 두 개의 복합음이 동시에 울리는 음악적으로 더 중요한 경우로 나아가 위의 결과를 개별적으로 이웃하는 배음들의 쌍에 적용해 보자. 다소 협화적이거나 완전히 협화적인 배음 쌍들의 전체 수가 기본 불협화의 쌍보다 얼마나 더 비중이 큰가에 따라 복합음의 각 음정에 대한 '협화도'가 얻어진다. 임계 대역폭이 진동수에 의존한다는 점에서 주어진 음정은 진동수 범위에 따라 변하는 협화도를 가진다. 특히 진동수가 낮아짐에 따라 주어진 음정은 더 거칠어진다.

협화도는 또한 성분음의 음색이나 스펙트럼에 의존하여 맥놀이를 일으키는 배음 쌍들의 상대적 세기에 따라 변한다. 이것은 음

---

13 Roederer, *The Physics and Psychophysics of Music*, pp. 170-172.

악에서 잘 알려져 있다. 다성 음악에서 음이 더 잘 어울려 하나 되는 악기의 조합이 있다. 두 악기가 음정을 구성하는 순서조차 협화도에 차이를 가져온다. 가령, 클라리넷과 바이올린이 장3도를 이루는데, 클라리넷이 근음(아래 음)을 내는 경우, 첫 불협화 배음 쌍은 클라리넷의 제6 배음과 바이올린의 제6 배음이다. 왜냐하면 클라리넷의 낮은 차 짝수 배음들은 세기가 매우 약하기 때문이다. 그러나 클라리넷이 위의 음을 담당하게 되면 클라리넷의 제3 배음은 바이올린의 제4 배음과 충돌하고 그 음정은 거친 소리를 낸다.

우리는 옥타브 이상의 음정, 즉 C3-G5의 경우는 옥타브 이내의 음정으로 바꾸어 C3-G3의 음정과 동등한 협화도를 갖는 것으로 이해한다. 이것은 옥타브를 올리거나 내리는 것은 음의 특성을 바꾸지 않는다는 인식이 보편적이기 때문이다. 이렇게 옥타브마다 같은 특성이 반복되는 음정의 성질을 가리켜 '크로마'(chroma)라고 부른다. 이렇게 하나 이상의 옥타브만큼 차이가 나는 음고에 동등한 협화 등급을 할당하는 것은 기본적인 특성이므로 우리는 그 음들을 같은 이름으로 부르는데, 이러한 특성은 보편적이다. 다른 감각 양상에서는 이러한 특성이 나타나지 않는다. 빛에서는 진동수가 2배가 된다고 해서 같은 색을 반복해서 볼 수 있는 것이 아니다. 이러한 특성이 나타나는 것은 우리의 청각계에서 패턴 인식 과정이 옥타브들이 제시될 때 특별한 방식으로 반응하기 때문일 것이다.

제6장
콘서트홀에서

HOMO MUSICUS

6

콘서트홀에서

1.
건축 음향학과 실내 음향학

건축 음향학은 소리를 효과적으로 전달할 필요가 있는 공간에서 최적의 음향학적 조건을 달성하기 위하여 공간을 어떻게 설계해야 할지를 연구하는 학문 분야이다. 건축 음향학이 관심을 갖는 분야는 주로 실내 공간에 관계되기 때문에 실내 음향학의 범주와 건축 음향학의 범주는 크게 다르지 않다. 물론 야외 연주장의 음향학을 연구한다면, 그것은 건축 음향학의 범주에 들지만 실내 음향학이라고 할 수는 없다. 건축 음향학에서는 이러한 문제를 모두 포괄적으로 다룬다는 점에서 실내 음향학보다는 건축 음향학이 더 적절한 표현으로 보인다.

음향학의 지식을 건축이나 실내 디자인에 적용하는 문제는 고대부터 이미 관심의 대상이 되었었다. 고대 그리스에서 연극이나 공연이 대중을 대상으로 활발하게 이루어졌다는 것은 많은 기록들을 통하여 알 수 있다. 고대 그리스나 로마의 대극장이 다수 현존하기 때문에 우리는 당시에 건축 음향학이 소리를 확대하는 다른 음향 기기가 없던 시대에 어떠한 설계를 통해 그렇게 많은 인원이 모이는 공간에서 관객에게 소리가 들리게 했을지 연구할 수 있다. 현전하는 로마 시대 한 극장의 무대 앞에는 여러 개의 항아리를 일렬로 묻어 거기에서 소리가 울려 나오도록 만든 것도 있다.

비트루비우스(Marcus Vitruvius Pollio)는 고대의 건축가로서 음향학 분야에서 두드러진 연구 성과를 남겼는데, 이는 그가 건축 음향학에 조예가 깊었음을 시사한다. 비트루비우스는 소리가 동심원을 그리면서 공간을 퍼져 나간다는 생각을 일찍이 그림으로 표현하였다. 이러한 그림은 소리가 음원에서 같은 거리에 있는 두 점에 동시에 도달하는 현상을 관찰함으로써 얻게 된 지식을 표현하는 것이다. 그 두 점의 위치는 같은 수평면상에만 존재하지 않고 때로는 수직면상에 존재하기도 한다는 점에서 비트루비우스는 소리가 동심구를 이루며 퍼져 나간다는 것을 제대로 이해한 것으로 보인다. 또한 이러한 사실은 비투루비우스가 동일한 공기 매질에서 소리의 속도는 유한하며 일정하고 특정한 상황이 아니면 소리는 직진한다고 인식하고 있었음을 드러낸다.[1] 중세를 거치면서 건축, 특히 교회 건축에서 음향학적 고려가 중요한 부분을 차지했을 것임은 당연했지만 건축 음향학은 경험적 지식에 토대를 두고 이루어졌을 뿐 어떤 이론적 체계화에는 별 진전이 없었다.

20세기에 들어와 미국에서 콘서트홀이 많이 지어지면서 음향학적으로 좋은 공간을 만들려는 관심이 커졌다. 무대에서 연주되는 음악이 객석 어느 지점에서나 잘 들릴 수 있도록 실내 공간을 설계하는 것에 대한 관심이 19세기에 이루어진 음향학의 발전에 힘입어 구체적인 과학적 이론의 성립을 낳았다. 그 선구자는 하버드 대학 물리학과 교수였던 새빈(Wallace Sabine)이었다. 그는 강의실의 음향학적 개선을 요구받자 잔향 시간에 관심을 가지고 이에 대한 정량적 연구를 수행하였다. 그는 음악이나 강의에 적합한 잔향 시간이 얼마인지 측정하였고 잔향 시간을 결정짓는 여러 가지 요소, 즉 공간의 크기, 공간의 면의 상태, 음원의 특성 등에 대한 정량적 고려를 통해 이 분야의 신기원을 이루었다. 20세기 건축 음향학의 발전은 새빈의 연구에 시발점을 두고 있다고 말할 수 있다.[2]

---

1 서우석, 『음악을 본다』(서울: 서울대학교출판문화원, 2008), pp. 11-12.
2 구자현, 『앨프레드 메이어와 19세기 미국 음향학의 발전』(서울: 들녘, 2010), p. 159.

2.
소리의
반사, 회절, 간섭

악기가 우주 공간에 떠 있고 우주 공간은 공기가 채우고 있다고 가정해 보자. 악기에서 나온 소리는 모든 방향으로 고르게 퍼져 나간다. 악기에서 단위 시간당 발생하는 소리의 에너지가 모든 방향으로 퍼져 나가기 때문에 동시에 악기를 떠난 소리는 어떤 순간에 구형의 파면을 이루게 되고 그 구의 표면적은 반지름의 제곱에 비례한다. 1초 후에는 반지름이 340미터인 구면을 이루고 2초 후에는 680미터인 구면을 이룬다. 이 구면 위에 소리 에너지가 고르게 퍼져 있음을 생각해 보면 구면의 반지름이 두 배가 되면 그 구면상에서 소리의 단위 면적당 에너지 분포는 4분의 1이 된다. 즉, 거리의 제곱에 반비례하여 소리의 세기는 약해진다.

악기의 소리는 여러 개의 부분음이 섞여 있는 형태인데, 각각의 부분음 사이에서 에너지 교환이 일어나지 않기 때문에 음원으로부터의 거리와 관계없이 관찰자의 귀에 도달하는 음파에서 부분음의 상대적 세기는 처음 악기에서 소리가 출발할 때와 같다. 그러므로 복합음의 파형은 그대로 유지되고 음색도 그대로 유지되는 것이 마땅하다. 그렇지만 귀는 그렇게 모든 진동수의 음파에 대하여 공평하지는 않아서 거리가 멀어졌을 때 작아진 소리 중에서 높은 음의 경우에는 민감하게 감지하지만 낮은 음의 경우에는 그렇게 민감하게 감지하지 못한다. 이로 말미암아 먼 곳에서 들었을 때 들리는 음색은 가까운 곳에서 들었을 때보다 더 낮은 음 쪽으로 치우친 경향을 띠게 된다.

우리가 악기를 연주하는 공간은 그 어느 곳도 우주 공간처럼 모든 방향으로 소리가 퍼져 나갈 수 있는 곳은 없다. 악기는 바닥에서 얼마 떨어지지 않은 곳에 위치해 있어서 거의 악기에서 발생하자마자 아래로 향한 소리는 바닥에서 바로 반사되어 다른 곳으로 퍼져 나간다. 그러므로 평평하고 열린 야외 공연장에서 청취자는 직접 악기에서 나온 소리와 바닥에서 반사되어 들리는 소리를 약간의 시차를 두고 듣게 된다. 바닥에서 반사되어 청취자의 귀에 도달하는 소리가 더 긴 경로를 여행하기 때문에 시차가 생긴다. 그렇지만 이 시차는 감지하기에 너무 짧아 나중에 도달한 소리가 처음에 도달한 소리를 강화하는 것으로 인지된다. 이 경우에 바닥은 낮은 음보다 높은 음을 더 잘 흡수하기 때문에 바닥에서 반사된 소리는 음고가 낮아지는 경향을 띤다.

악기가 있는 곳은 보통 실내 공간이어서 벽과 천장으로 둘러싸여 있기에 악기에서 발생한 소리는 바닥뿐 아니라 천장과 벽면에서 반사된 후 청취자에게 도달한다. 이렇게 반사된 소리는 바닥에서 반사된 소리보다 뒤늦게 청취자에게 도달하게 되는데, 이 반사 과정에서 소리의 에너지가 벽면과 천장에서 흡수되면서 소리의 세기는 약해지고 특히 높은 진동수의 부분음의 세기가 많이 줄어들어 음색이 변화하게 된다. 어떤 소리는 단 한 번이 아니라 두 번 면에 부딪친 후에 청취자에게 도달하기도 한다. 이 경우에는 한 번 부딪치고 도달하는 음파에 비하여 더 긴 경로를 여행한 후에 청취자에게 도달하기 때문에 직접 도달한 음파인 직접음과 더 큰 시간 간격을 두게 된다. 이렇게 도달하는 음파는 두 번의 흡수를 겪은 까닭에 세기는 더 작아지고 고음의 소실은 더 커져 있게 된다.

이러한 반사 과정은 3회, 4회 계속 이어지기 때문에 악기에서 동시에 발생한 소리가 청취자에게 도달할 때에는 시간적으로 퍼져 있는 형태로 도달하게 되고 그것을 우리는 메아리(echo)라고 부른다. 메아리는 반사되어 청취자에게 도달하는 소리가 가청 세기 아래, 즉 0데시벨 아래의 음량 수준에 도달할 때까지 지속된다. 메아리의 지속 시간은 실내 공간이 클수록 더 커지게 되는데, 실내 공간이 클수록 단위 시간당 소리가 면에 부딪치는 횟수가 줄어들기 때문에 흡수되는 에너지도 줄어들게 되고, 그에 따라 귀로 감지할 수 있는 세기를 소리가 유지할 수 있는 시간도 길어진다. 이런 현상은 작은 방에서 소리를 지를 때보다 큰 강당 안에서 소리를 지를 때 메아리가 더 오래 지속되는 것을 통해 쉽게 확인할 수 있다.

회절 현상이 소리의 청취에 영향을 미치기도 한다. 기둥이나 사람이 악기와 청자 사이를 가로막고 있을 경우에는 장애물의 크기와 연주되는 소리의 파장의 상대적 비율에 따라 영향을 받는 정도가 달라진다. 장애물 뒤에는 소리 그늘이 생기게 되는데, 소리의 파장에 따라 장애물 뒤로 음파가 꺾여서 전달되는 정도가 달라진다. 꺾여서 전달되는 소리가 많아지면 소리 그늘은 약해진다. 연주되는 음이 높아 장애물의 크기에 비하여 파장이 짧을 경우에는 회절이 잘 일어나지 않아 장애물이 소리 그늘을 만들어 직접 전달되는 소리를 차단한다. 반면에 연주되는 음의 파장과 장애물의 크기가 거의 같을 경우에는 장애물이 소리의 새로운 음원처럼 행동하여 소리를 모든 방향으로 분산시킨다. 연주되는 음의 파장이 장애물에 비하여 클 경우에는 장애물 뒤로 소리가 잘 전달되기 때문에 장애물은 소리의 세기를 줄여 놓지 않아 별로 장애를 일으키지 않는다. 보통 340Hz의 소리는 파장이 1m나 되기 때문에 지름이 1m 이상 되는 장애물이 아니면 소리 그늘을 만들지 않는다. 반면에 세 옥타브 남짓 높은 음인 3,400Hz의 소리는 10cm의 파장을 갖기 때문에 지름이 1m인 장애물은 뒤에 소리 그늘을 만들어 내게 된다. 그러므로 악기에서 발생하는 소리 중에서 통상적으로 장애물 뒤에 잘 도달하는 소리는 낮은 음에 해당하므로 장애물 뒤에서는 여러 부분음 중에서 높은 차수의 부분음들이 소실되어 음색이 변형되어 들린다.[3]

---

3 Barry Parker, *Good Vibrations: The Physics of Music*(Baltimore: Johns Hopkins University Press, 2009), pp. 48-51.

3.
잔향과 메아리

음악은 주로 콘서트홀, 강당, 교회, 방 안에서 연주된다. 이때 들리는 소리는 악기가 방출하는 소리와 일치하지 않는다. 악기에서 나오는 소리가 한결같다고 하더라도 실내 환경이 달라지면서 그 악음을 듣는 청자가 인지하는 소리는 달라진다. 그러므로 청중에게 좋은 음악을 들려주기 위해서는 실내 음향학이 악기의 물리적 특성 못지않게 중요하다.

연주하는 악기가 위치 S에 있고 청자가 위치 L에 있다고 해보자. 연주자가 일정한 세기로 악기를 연주하면 그 소리가 SL/V초 후에 청자에게 들린다. SL은 S와 L 사이의 거리이고 V는 음속으로 기온이 15℃일 때 340m/s이다. 예를 들어 악기와 청자 사이의 거리가 10m라면 그 소리가 청자에게 도달하는 시간은 (10m)/(340m/s)=0.03초이다. 그리고 이어서 바닥과 천장, 벽면들에서 반사된 소리가 청자에게 도착한다. 이때 도착하는 소리들을 뭉쳐서 메아리라고 부른다. 이러한 반사는 한 번에 그치지 않고 여러 차례 반복되면서 지속된다. 만약 벽면에서 흡수되지 않는다면 반사는 계속될 것이고 악기에서 소리가 계속 흘러나오면 방 안은 소리 에너지로 가득 차게 된다. 그러면서 청자가 듣는 소리의 세기는 점차 커지게 된다. 그러나 이상적인 경우가 아니라면 흡수가 일어나고

창문과 같은 구멍이 있으면 그리로 소리 에너지가 빠져 나가 에너지가 점점 줄어들게 된다. 그리하여 악기에서 나오는 에너지와 소진되는 에너지가 같아지면 소리의 세기가 최댓값인 I_m에 도달하고 안정화되는데, 이 세기 수준은 악기 자체에서 나오는 소리가 직접 청자에게 도달하는 세기 수준보다 높다. 그러므로 실내에서의 연주는 열린 공간에서의 연주보다 같은 거리에 있는 청자에게 들리는 소리의 세기가 더 크다.

악기에서 나오는 소리가 멎으면 반대의 과정이 일어나게 된다. 직접 도달하는 소리가 먼저 중단되고 이어서 1차 반사음, 2차 반사음, 3차 반사음의 순서로 소리가 중단된다. 이렇게 음원의 소리가 중단된 후에 소리가 줄어들면서 지속되는 현상을 잔향(reverberation)이라고 한다. 시간에 따른 잔향 세기의 변화 곡선은 지수 함수를 그린다. 임의적으로 소리의 세기가 60dB이 줄어드는 데 걸리는 시간을 잔향 시간이라고 한다. 중간 크기의 콘서트홀에서 잔향 시간은 보통 1.5~2초 정도이다. 잔향 시간이 이보다 길면 연속되는 악기의 소리들이 겹쳐서 듣기에 좋지 않고 이보다 짧으면 악기의 소리가 무미건조해진다.

흡수가 없는 이상적인 벽면으로 둘러싸인 방 안에서 단위 시간당 악기에서 흘러나오는 에너지가 P일 때, 벽면에 A라는 넓이의 구멍이 있어서 소리가 새어 나가면서 소리의 세기가 최댓값 I_m으로 유지된다면

$$P = I_m A \qquad \text{식 (1)}$$

라는 식이 성립한다. 일반적인 경우라면 벽이 소리를 흡수하게 되는데, 그 정도는 벽면의 넓이와 재질에 관계된다. 넓이 S의 면으로 둘러싸인 공간이 소리 에너지를 흡수하는 정도와, 완벽하게 반사하는 면으로 둘러싸이고 오직 넓이 A의 구멍이 있는 방에서 소리 에너지가 줄어드는 비율이 같다면 $aS=A$라고 놓았을 때 a를 흡음 계수라 하고 A를 흡음 면적이라고 한다. 즉 전체 면의 흡수로 어느 정도 크기의 구멍의 유출과 같은 에너지 감쇠 효과를 가져 오는지 나타내는 것이다. 흡음 계수가 큰 재료로 벽면을 두르면 큰 구멍으로 소리가 빠져나가는 효과가 난다. 흡음 계수는 진동수에 따라 달라지는데, 작게는 0.01(완벽한 반사체에 가까운 대리석과 같은 재료)에서 크게는 0.9(흡음 타일)까지 소재의 특성에 따라 다양한 값을 갖는다. 모든 면이 단일한 소재로 둘러싸인 경우는 없을 것이므로 흡음 계수가 $a_1, a_2, a_3 \cdots$인 소재들로 둘러싸인 면적이 각각 $S_1, S_2, S_3 \cdots$일 때 흡음 면적은

$$A = a_1 S_1 + a_2 S_2 + a_3 S_3 + \cdots \qquad \text{식 (2)}$$

로 나타난다. 식 (2)를 식 (1)에 적용하여 표현하면

$$I_m = \frac{P}{a_1 S_1 + a_2 S_2 + a_3 S_3 + \cdots}$$

가 얻어진다. 이 식을 쓰면 주어진 악기의 출력(P)과 주어진 벽 소재를 가지고 원하는 소리의 세기를 얻기 위한 실내 공간의 크기를 추정할 수 있다. 잔향 시간은 방의 부피에 비례하고 흡음 면적에 반비례한다. 실험에 따라 이 관계를 구해 보면 다음과 같다.

$$\tau_R = 0.16\frac{V}{a_1 S_1 + a_2 S_2 + a_3 S_3 + \cdots}$$

여기에서 방의 부피 V는 세제곱미터, 벽 소재의 넓이 S_1, S_2, S_3 …은 제곱미터, 잔향 시간 τ_R는 초를 단위로 쓴 것이다. 진동수가 커지면 흡음 계수도 커지기 때문에 잔향 시간은 고음보다 저음에서 길어진다.[4]

여기에서 고려해야 할 또 하나의 문제는 관객이 흡음 계수에 영향을 미친다는 것이다. 흡음 계수는 관객이 얼마나 들어차느냐, 어떤 분포를 보이느냐에 따라 상당한 영향을 받을 수 있다. 특히 잔향 시간이 긴 교회나 성당의 홀에서는 관객의 흡음 효과가 크게 나타난다. 관객의 수에 따라 흡음 효과가 달라지지 않게 하려면 좌석의 소재를 관객 옷과 유사한 소재를 사용하면 된다.

4 Juan Roederer, *The Physics and Psychophysics of Music: An Introduction*(London: Springer, 2008), pp. 148-150.

4.
입체 음향

콘서트홀에서 듣는 음악은 악기마다 소리가 나오는 위치가 다르기 때문에 악기의 소리가 어우러져 들릴 때에도 악기 소리 하나하나의 위치에 따라 소리가 구분되어 들린다. 이러한 느낌은 현장감을 드높이는데, 이러한 현장감은 사람이 소리의 방향을 지각하는 능력을 갖고 있기 때문에 가능한 것이다. 음원의 위치에 대한 인간의 지각 능력을 청각적 위치 감각(auditory localization)이라고 부른다. 사람이 이러한 감각을 가질 수 있는 것은 방향을 지각할 수 있는 몇 가지의 단서를 활용하기 때문이다. 이러한 단서들을 녹음된 음악 속에 넣어 놓게 되면 재생되는 음악에서도 콘서트홀의 현장감을 어느 정도 되살릴 수 있다.

1877년에 에디슨이 축음기를 발명한 이후로 녹음 기술은 급속하게 발전했고 그 가운데 음악의 녹음은 이 대단한 발명품의 효용성을 높일 수 있는 기회를 제공했다. 당초에 에디슨은 축음기가 사무실에서 기록을 보관하는 용도로 효용이 있을 것이라고 생각했지만 축음기는 음악을 녹음하고 재생하는 오락적 기능을 극대화함으로써 더욱 큰 효용성을 가질 수 있다는 것을 사람들은 곧 깨달았다. 그리하여 20세기 초부터 음악을 되도록 실제 악기에서 나오는 소리에 근접하게 녹음·재생하는 것이 많은 기술자들의 첨

예한 관심사가 되었다. 이러한 노력은 어떻게 하면 콘서트홀에서 듣는 음악의 현장감을 기계적으로 재현할 수 있느냐에 모아졌다. 그중에서 입체 음향을 만들어 냄으로써 실제로 콘서트홀에 와 있는 듯한 착각을 불러일으키는 방법에 대해서도 많은 이들이 관심을 갖고 연구하였다.

이 분야에서 현대적인 이론의 기초를 놓은 인물은 영국의 물리학자인 레일리(3rd Baron Rayleigh)이다. 그는 음원의 방향 지각에 대하여 일찍부터 관심을 가지고 실험 연구를 수행하였고, 이를 통해 파장에 따라 위상차와 세기차라는 단서를 활용하여 사람이 소리의 방향 지각 능력을 후천적으로 습득한다는 것을 발견하였다. 사람은 머리의 양쪽에 귀가 달려 있어서 두 귀에 도달하는 음파의 차별성에 근거하여 소리의 방향을 지각하게 된다. 한쪽 귀를 막은 사람은 소리의 방향 지각 능력을 상당 부분 상실하게 된다. 소리가 어느 방향에서 들려오느냐에 따라 머리가 장애물이 되어 귀에 도달하는 소리의 세기가 변한다. 머리가 형성하는 소리 그늘 때문에 비스듬하게 오른쪽 앞에서 들려오는 소리의 경우 오른쪽 귀에 비하여 왼쪽 귀에 도달하는 소리가 약해진다. 그렇지만 파장이 긴 소리의 경우에는 회절이 많이 일어나기 때문에 장애물 뒤에 생기는 소리 그늘이 완전하지 않게 된다. 소리가 장애물 뒤로 돌아서 많이 전달되면 양쪽 귀에서 감지하는 소리의 세기 차이는 미묘해진다. 반면에 파장이 짧은 소리는 회절이 잘 안 되기 때문에 머리라는 장애물이 형성하는 소리 그늘이 확실한 역할을 하므로 양쪽 귀에 도달하는 소리의 차이가 감지할 만한 수준에 있게 된다.[5]

또한 양쪽 귀에 소리가 도달하는 시간의 차이도 특정 순간에 양쪽 귀에서 감지하는 소리에 차별성을 야기한다. 이는 특정 시각에 기저막에서 검출하는 부분음의 위상이 달라지는 것을 통하여 인지된다. 진동수가 큰 소리의 경우에는 주기가 짧기 때문에 소리가 양쪽 귀에 도달하는 시간의 차이에서 위상차가 감지되기 어렵다. 반면에 주기가 길어지면 귀가 감지할 수 있는 위상 차이가 양쪽 귀에 도달한 소리에서 발생할 수 있다. 그러므로 진동수가 낮은 소리는 위상차가 소리의 방향 지각에서 주된 단서가 된다.

방향 지각의 주된 단서는 대략 1,400Hz를 기준으로 이보다 높은 진동수의 소리에 대해서는 세기차, 이보다 낮은 진동수의 소리에 대해서는 위상차가 된다. 이는 1,400Hz의 음파가 갖는 파장이 성인 머리의 직경에 해당하기 때문이다. 파장이 장애물의 직경 이상이 되면 소리 그늘은 의미가 없어질 정도로 회절이 강하게 발생한다. 그러므로 어린아이의 경우에는 세기차가 소리 방향 지각의 주된 역할을 하는 진동수가 더 높아지게 된다. 옆 방향에서 오는 소리의 경우에 6,000Hz의 소리에 대해서는 20dB까지 양쪽 귀에서 감지하는 소리 세기에 차이가 발생한다. 소리의 세기차에 의

---

5 구자현, 『레일리의 음향학 연구의 성격과 성과』(파주: 한국학술정보, 2008), pp. 262-277.

한 방향 지각의 민감성은 정면에서 크고 측면에서는 작다. 이러한 사실은 마네킹의 양쪽 귀에 삽입한 마이크에 녹음되는 소리의 세기를 비교하는 방식으로 알아냈다.[6]

세기차나 위상차나 소리의 방향을 지각할 수 있는 단서는 때로는 충분한 정보를 제공하지 않을 것처럼 보인다. 정면에서 오는 소리와 바로 뒤에서 오는 소리의 세기차나 위상차의 양상이 같을 것이기 때문이다. 전방에서 왼쪽 45도 방향에서 오는 소리와, 후방에서 왼쪽 45도 방향에서 오는 소리도 마찬가지이다. 이와 같이 양쪽 귀를 지나는 수직면을 설정했을 때 이 면에 대하여 대칭을 이루는 점들에 위치하는 음원들은 위치의 혼동을 일으킬 것이다. 그러나 실제로 그런 일이 잘 발생하지 않는 것은 귓바퀴가 앞뒤 방향으로 상이한 각도로 붙어 있어서 앞에서 오는 소리는 귓구멍으로 더 잘 모으고 뒤에서 오는 소리는 어느 정도 차단함으로써 앞과 뒤에서 오는 소리의 세기에 차이가 발생하게 만들기 때문이다. 귓바퀴 덕택에 사람들은 앞에서 오는 소리와 뒤에서 오는 소리를 헷갈리지 않고 잘 구분한다. 또한 사람들은 소리의 방향이 잘 지각되지 않으면 머리를 약간 돌림으로써 양쪽 귀에 도달하는 소리의 세기나 위상을 변화시켜 방향을 지각하는 수단을 습득한다. 부엉이가 나무 위에 앉아서 머리를 좌우로 돌리는 행동을 하는 것도 피식자

---

6 Charles Dodge and Thomas A. Jerse, *Computer Music: Synthesis, Composition, and Performance*(New York: Schirmer Books, 1997), pp. 309-315.

가 움직이는 소리가 어느 방향에서 오는지 알려고 하는 것이 주된 이유이다. 양쪽 귀에서 감지되는 소리의 차이가 소리의 방향에 대한 인식으로 연결되기 위해서는 경험이 결정적인 역할을 한다. 눈으로 확인한 음원의 위치와 거기에서 들려온 소리가 두 귀에서 어떻게 다르게 들리는지에 대한 지각과 연결되기를 반복하는 가운데, 소리의 방향 지각의 정확성이 점차 향상된다.

지금까지는 음원이 관찰자와 같은 평면 위에 있을 때로 논의를 한정하였기 때문에 소리의 방향은 방위각(azimuthal angle)의 지각과 관련되어 있다. 방위각은 정면을 기준으로 수평면에 평행하게 반시계 방향으로 한 바퀴를 돌면서 잰 각도로, 0~360도의 범위에서 측정하게 된다. 여기에 추가되는 방향은 고도각(elevation angle)으로 결정한다. 관찰자와 같은 수평면에 있는 물체의 고도각을 0도로 보고 관찰자의 발밑 방향을 -90도, 관찰자의 정수리 위 방향을 +90도로 설정한다. 그러므로 고도각은 관찰자가 음원을 어느 각도로 올려다보거나 내려다보는지를 나타낸다. 콘서트홀에서는 대부분의 악기들이 같은 수평면 위에 있기 때문에 고도각의 편차가 없어서 고도각이 입체 음향에서 고려되어야 할 핵심 요소는 아니다.

거리에 대한 지각은 친숙한 소리의 경우에는 주로 소리의 세기를 비교함으로써 음원까지의 거리가 가늠된다. 일반적으로 소리는 거리가 멀어짐에 따라 진폭이 거리에 반비례하여 줄어들기 때문에 친숙한 소리의 세기에 대한 인식은 곧 거리에 대한 인식의 단서가 될 수 있다. 또 다른 거리 지각에 대한 단서는 직접음에 대한 잔향음의 비율인 R/D 비이다. 실내에서 들리는 소리는 가까운 거리에서는 직접 도달하는 소리인 직접음의 에너지가 차지하는 비율이 반사에 의해 형성되는 잔향음의 에너지가 차지하는 비율에 비하여 상대적으로 크다. 거리가 점점 멀어지면 R/D 비가 커지는데, 그 값이 1이 되는 임계 거리를 지나면 직접음의 비중은 반향음보다 작아진다. 거리가 가청 지평선(audio horizon)에 이르면 더 이상 거리의 식별이 이루어질 수 없게 된다.

음원까지의 거리 지각을 위한 또 다른 단서는 부분음 중에서 높은 진동수의 에너지 비율이다. 일반적으로 먼 거리를 이동해 온 소리의 경우에는 대기 중에서 흡수되는 에너지 때문에 소리 에너지가 감쇠되는데, 그것은 높은 진동수의 소리에 대하여 더 많이 나타나기 때문에 먼 거리에서 오는 소리일수록 높은 진동수의 에너지 비율이 더 줄어든다. 이 단서는 앞서 제시한 두 가지 단서에 비하여 음원의 거리를 인지하는 데에서 차지하는 비중이 더 적다.

컴퓨터 음악에서 거리 단서를 흉내 내기 위해서는 세기 조절이 들어가고 잔향음의 세기를 조절함으로써 거리에 대한 감각을 만들어 낸다. 악기와 청취자 사이의 거리는 콘서트홀마다 달라지므로 거리 감각을 만들어 내기 위한 직접음과 잔향음 사이의 비율은 정해져 있지 않다. 하나의 선택지는 임계 거리를 설정하기 위하여 R/D 비를 1로 놓는 것이다.

녹음에서 여러 악기의 위치에 대한 인식을 재현하기 위해서는 여러 대의 마이크를 활용한 다채널 녹음을 통해 이러한 단서들을 유발할 요소들을 마련해야 한다. 재생된 음악을 듣고 청자가 입체 음향을 느끼도록 하려면 두 개의 발음부를 가진 헤드폰을 머리에 쓰게 하거나 두 개의 스피커가 왼쪽 앞과 오른쪽 앞에 놓인 상태에서 두 스피커에 보내는 신호를 조절함으로써 소리의 방향 감각을 만들어 낼 수 있다. 처음에 같은 소리를 시차 없이 양쪽 스피커에서 들려주면 사람은 소리가 정면에서 들려온다고 느낀다. 같은 음악이지만 오른쪽 스피커의 소리를 왼쪽 스피커 소리보다 약간 지체시켜서 나오게 하면 이러한 시간 지체 때문에 사람은 음원이 약간 왼쪽 앞쪽에 치우쳐 있다고 인식하게 된다. 시차가 커질수록 더 왼쪽에 있다고 느낀다. 이때 소리의 세기도 오른쪽 스피커 소리를 왼쪽 스피커 소리보다 약간 작게 만들어 주면 세기차에 의해서도 왼쪽 전방에 음원이 있다는 인식이 생겨난다. 이와 같이 두 대의 스피커를 사용하면 음원의 방위각을 지각할 수 있게 된다. 여기에 거리 단서들을 첨가하면 두 대의 스피커를 가지고 2차원 수평면 위의 음원의 위치를 특정할 수 있다.

전면의 수직면에 삼각형 모양으로 배치된 세 대의 스피커를 사용하면 음원까지의 거리에 대한 단서 없이도 2차원 수직면의 특정 위치에 음원이 있다는 인식을 유발할 수 있다. 2차원 수직면상의 음원 위치를 제대로 확정하려면 네 대의 스피커를 수직면의 네 귀퉁이에 설치하여야 한다. 마찬가지로 3차원상에 음원의 위치를 제대로 특정하게 하려면 한 평면에 있지 않은, 즉 사면체 형태로 배치된 네 대의 스피커가 필요하다. 어느 정도 규모의 방이라면 직육면체의 방 여덟 귀퉁이에 하나씩 설치된 여덟 대의 스피커가 입체 음향을 구현하는 데 실제적이다. 사용하는 스피커의 수가 늘어나면 가상 음원의 위치를 지정하는 정밀도를 높일 수도 있고 가상 음원의 초점 위치를 한 사람이 아닌 여러 사람에게 확장할 수도 있다. 다시 말하면 방 안의 가운데에서 벗어난 청중들에게도 음원의 위치가 잘 확정되게 할 수 있다.

스피커를 많이 설치할수록 입체 음향을 구현하기가 훨씬 용이하지만 큰 스피커는 비싸기 때문에 비용상의 문제로 스피커 설치의 효율을 따져 보아야 한다. 이런 목적에서라면 중고음을 내는 스피커는 작고 비용도 싸기 때문에 중고음을 내는 스피커를 여러 대 설치하는 전략을 택한다. 더구나 고음은 회절이 잘 안 되고 방향성이 좋기 때문에 회절이 많이 되고 방향성도 떨어지는 저음을 내는 대형 스피커는 수를 줄여도 된다.

실제로 입체 음향을 만들어 내기 위해서는 마네킹의 귓속이나 사람의 귓속에 설치한 마이크를 통해서 측정한 값들을 활용하여 각각의 음원마다 특정한 방위각과 고도각을 할당하기 위하여 음향 신호를 어떻게 변환시켜야 할지를 정하게 된다. 이렇게 얻어진 정보를 바탕으로 컴퓨터 음악을 만들 때 채널마다 방향과 거리 단서를 확인할 수 있도록 소리를 설계함으로써 입체 음향을 만들어 낼 수 있다. 오케스트라나 연주회를 입체 음향을 겨냥하여 녹음할 경우에는 녹음 단계에서 무대와 콘서트홀의 다양한 위치에 설치된 여러 대의 마이크가 포착한 소리를 녹음한 후에 같은 방식으로 단서들을 보정하여 복합된 채널의 음악 파일을 만들 수 있다.

5. 음악 감상의 심리학

음악 감상은 대다수의 현대인이 즐기는 취미이다. 소리를 저장하여 재생시키는 매체가 발전하면서 보다 좋은 음질의 재생 장치를 편리하게 휴대하면서 음악을 들을 수 있는 길이 열렸다. 이전에는 뛰어난 연주자들의 음악을 들으려면 비싼 돈을 내고 연주회에 가야 했지만 이제는 녹음되어 있는 음악을 저렴한 가격으로 누구나 듣고 즐길 수 있다. 사람들은 연주회에서 즐기건 녹음된 음악을 즐기건 자신의 정서적 필요를 채워 줄 것이라 기대하며 음악을 듣는다. 단순히 소리 하나하나가 갖는 아름다움에 국한하지 않고 소리가 이어지면서 만들어 낸 관계 속에서 의미를 찾으려 한다. 지나간 소리를 기억하고 현재의 소리를 들으며 앞으로 어떤 소리가 나올 것인가를 예측하는 가운데, 사람은 곡의 구조를 생각하게 된다. 이러한 정신 작용이 사람의 뇌에서 일어남으로써 사람은 곡을 이해하게 된다. 사람마다 음악을 감상하는 방식이 상이할 수 있는데, 그중에 어떤 방식이 옳고 어떤 방식이 더 낫다고 말할 수는 없다. 그렇지만 다른 사람이 어떻게 음악을 듣고 즐기는지를 이해하면, 자신이 음악을 듣는 방식이 제한적이기 때문에 더 많은 즐거움을 얻을 수 있는 음악 감상을 하지 못하고 있다는 것도 깨달을 수 있다.

음악을 들을 때 가장 쉽게 아름다움을 느낄 수 있는 감상법은 악기의 소리 하나하나에서 아름다움을 발견하는 방법이다. 이것은 저차원의 소리에 대한 인식을 바탕으로 한다. 1초보다 짧은 시간 간격에서 확인할 수 있는 악음의 특성이 감상의 대상이 된다. 이러한 단일한 소리에 대한 감상은 그 음파 자체가 가지고 있는 파형에서 오는 즐거움을 감지하는 방법이다. 이는 다른 음향에 비하여 기악곡에서는 악기가 내는 소리가, 성악곡에서는 사람이 내는 소리가 가진 음색의 아름다움에 감화되는 것이다. 첼로의 균형 잡힌 중저음을 좋아할 수도 있고 피아노의 경쾌한 현의 울림을 좋아할 수도 있고 소프라노 가수의 높은 목소리가 가진 색깔을 좋아할 수도 있다. 이러한 악음들이 아름다운 이유는 악음들을 형성하고 있는 배음렬이 만들어 내는 파형의 규칙성 때문이다. 그렇지만 모든 사람들이 이렇게 배음렬을 갖춘 조화음만 좋아하는 것은 아니다. 심벌즈를 쳤을 때 나오는, 음고를 확정하기 어려운 비조화음에서 상쾌함을 느끼는 사람도 얼마든지 있다. 어떤 사람에게는 시끄러운 소음처럼 들리는 소리가 어떤 사람에게는 기분을 좋게 해 주는 아름다운 소리로 들릴 수도 있는 것이다. 현대 음악에서는 이러한 비조화음의 활용이 더욱 많아지면서 음이 가진 형식적 조화로움보다는 파격에서 얻는 놀라움을 많이 추구한다.

악기의 소리 하나하나에서 즐거움을 얻는 사람은 동시에 울리는 여러 개의 악기가 만들어 내는 화음을 즐기는 경우도 많다. 하나의 현이나 관이 진동할 때 만들어 내는 배음렬의 규칙성과 별도로 여러 개의 악기가 함께 울리면서 형성되는 화음은 구성 개별 음들이 가진 부분음과 서로 어울려 새롭게 생성하는 조합음들이 배음렬을 이룸으로써 즐거운 감각을 만들어 낸다. 하나의 악기로 만들어 낼 수 있는 부분음의 배열이 단조로운 반면에, 여러 개의 악기가 동시에 울리면서 만들어 내는 배열은 훨씬 복잡한 상대적 세기 분포를 갖는 부분음과 조합음으로 인하여 풍부한 볼륨을 갖게 된다.

통상적으로 5초 내지 10초 정도의 시간 간격을 두고 나타나는 짤막한 테마를 듣고 즐기는 사람들도 있다. 테마는 어떤 음악에서건 나타나는데 하나의 음악적 아이디어가 담긴, 짤막한 음들의 연속이다. 그 음들이 전후 관계에서 만들어 내는 음정들, 동시에 울리는 음들이 만들어 내는 어울림, 그리고 각각의 음들의 지속시간, 즉 음가의 차이가 만들어 내는 리듬이 어떤 생각이나 정서를 불러일으키는 개별적 특성을 갖는다. 보통 테마는 약간씩 변형되면서 반복되기 때문에 사람의 머리는 테마를 인식하게 되면 그것이 변주되는 양상을 따라가면서, 반복을 통해 기대가 충족되는 데에서 오는 안정감과, 변형을 통해 기대가 깨졌을 때 느끼는 신선함 사이에서 줄타기를 하게 된다. 테마가 테마로서의 정체성을 갖기 위해서는 전후에 이어지는 음 사이에 일정한 음정의 관계를 유지하여야 하는데, 음들의 음가가 조금씩 달라져 변형이 일어나는 것은 테마의 정체성을 무너뜨리지 않는 선에서 허용된다. 동시에 울리는 다른 악기가 만들어 내는 화음이 있다면 그러한 화음이 조금씩 변형되는 것도 테마의 정체성을 무너뜨리지 않는 범위 내에서 허용된다. 테마가 가장 잘 활용되는 음악의 전형은 바로크 음악이다. 바로크 음악은 짧은 음들이 빠르게 이어지는 테마가 계속 반복되면서 변형되는데, 테마의 변주가 얼마나 다양할 수 있는지를 잘 알 수 있게끔 변화무쌍하게 이어진다. 이러한 변화를 감지하는 것은 주로 우뇌이므로 바로크 음악을 많이 감상하면 우뇌 발달에 도움이 된다. 사람의 머리는 패턴을 파악하고자 하는 성향이 강하기 때문에 음악을 들으면 우선적으로 거기에서 패턴을 찾으려 하고 그 과정에서 테마를 파악하게 되며, 한번 파악된 테마를 계속해서 찾으려고 하는 자동적인 반응을 보이게 된다. 그런데 동일한 패턴이 반복될 때도 있지만 변형된 형태로 숨겨져 제시될 때도 있는데, 그것이 동일한 테마의 변형된 형태임을 파악하게 되면 뇌는 희열을 느낀다. 숨은그림찾기를 남녀노소 누구나 즐기는 이유와 일맥상통한다. 이러한 시간적 간격을 두고 펼쳐진 패턴의 특성을 파악하고 그것의 변형에 주의를 기울이는 우반구의 기능은 시각적 패턴을 파악하고자 하는 성향으로도 표출된다. 벽지의 무늬가 계속 반복되면서 이어지는 양상을 따라가거나, 욕실 바닥 타일의 복잡한 배열 방식을 따라가는 것을 즐기는 사람들이 있다. 이런 사람들은 시각적 패턴 파악에 민감하기 때문에 이슬람 건축에서 흔히 활용되는 기하학적 형태가 얽혀서 나타나는 패턴에 큰 매력을 느낀다. 이런 사람들은 주로 우반구의 기능이 활성화되어 있어서 패턴 파악이 빠른데, 이러한 패턴 파악은 심지어 책을 읽으면서도 실행되기 때문에 모든 인공물과 자연물의 구조적 특성을 파악하는 데도 능숙하다. 이런 사람들이 음악에서 테마의 파악에 능숙하고 그것을 즐기는 부류가 될 가능성이 높다. 반대로 테마가 잘 드러나는 음악을 여러 번 들음으로써 패턴 파악 능력을 향상시킬 수도 있다.

그러므로 작곡가들은 독창적인 테마를 만들어 내는 것이 작곡에서 가장 중요한 부분이다. 이제까지 다른 사람들이 만들어 낸 적 없는 테마를 만들거나 오래된 전통 음악에서 힌트를 얻어 그것을 현대적으로 해석함으로써 창조적인 작곡을 수행할 수 있다. 테마가 일단 독창적으로 완성되면 곡의 나머지 부분들은 테마를 변형하고 변형된 테마들을 서로 연결하는 부분들을 채워 넣음으로써 완성시킬 수 있다. 물론 하나의 곡에 하나의 테마만 존재하는 것이 아니라 복수의 테마가 섞여서 등장할 수도 있다. 음악의 형식 또한 창조의 대상일 것이므로 형식을 지키려는 노력과 더불어 형식을 변형하려는 노력은 음악의 역사에서 늘 함께 나타났다. 사람의 뇌는 너무 복잡한 것도 싫어하지만 패턴이 너무 잘 파악되어 지루함을 주는 것도 싫어하기 때문에 음악뿐 아니라 회화, 조각, 건축, 디자인, 의류(패션), 시, 무용 등 온갖 예술에서 늘 보존과 변형의 긴장 상태를 유지하려는 경향이 나타난다.

우반구의 측두엽과 전두엽의 연결에서 형성되는 기능에 좀 더 의존하는 음악 감상은 화음 진행과 악곡의 형식적 구조에 주의를 기울이는 것이다. 이러한 음악 감상은 좀 더 고차원적인 의식 수준의 작용을 활용한다. 조성 음악은 특히 화음의 진행을 통하여 곡의 완결된 구조를 지향한다. 조성 음악에서는 통상적으로 으뜸화음에서 시작한 화음이 버금딸림화음이나 딸림화음을 거쳐서 다시 으뜸화음으로 끝나는 화음 진행을 통하여 완결된 구조를 지향한다. 단순한 화음 진행을 넘어서 소나타 형식처럼 더 복잡한 음악적 형식을 따름으로써 악곡이 갖는 독특한 전개와 연결 구조를 달성하고자 하는 경우도 있다. 그러므로 음악 감상을 하는 사람은 순간순간의 개별 음의 감상과 테마의 구현과 그것의 반복 및 변형의 감상뿐 아니라 음악의 구조를 파악함으로 구조가 갖는 형식적 아름다움과 그것의 변형에서 나타나는 독특성을 지향한다. 달성하고자 하는 곡의 목적에 따라 곡 전체의 구조가 달라지는데, 이러한 목적 실현적 구조의 적합성을 평가하는 과정이 고차원의 음악 감상에 해당하는 것이다. 이러한 완결된 구조의 실현에서 음악이 갖는 아름다움을 파악하고자 하는 감상자들은 우반구의 전일론적 이해 능력을 활용하고 거기에 아름다움에 대한 인식을 완성하기 위하여 전두엽의 기능도 연결시켜야 한다.

음악을 감상하는 또 다른 부류는 가사와 곡의 상호작용에 집중한다. 이것은 가사가 있는 음악을 감상할 때 주로 나타나는 감상법이다. 물론 가사가 있어도 가사가 외국어이거나 발음이 정확하지 않아서 의미를 알 수 없는데도 그 곡을 좋아하는 사람이라면 이런 부류의 감상법을 쓸 수 없다. 그런 사람은 사람의 목소리를 한 종류의 악기로만 생각하고 소리에만 집중하고, 좌반구 측두엽보다는 우반구 측두엽을 더 많이 활용하게 된다. 그렇지만 가사의 의미를 알고 그 의미를 알아들으면서 그러한 가사 내용이 곡을 통해 어떻게 표현되는지에 관심을 집중하는 사람은 우반구 측두엽뿐 아니라 좌반구 측두엽의 기능도 활발하게 사용한다. 가사가 없는 기악곡보다는 가사가 있는 성악곡이 일반적으로 더 일찍 발달하였다. 그렇기 때문에 곡은 가사를 전달하는 데 보조적인 역할을 하면서 가사가 전달하고자 하는 생각과 정서를 재현하는 기능을 하였다. 문화권마다 각기 다른 방식으로 가사를 곡으로 재현하는 방식이 형성되었고, 이에 따라 나중에 기악곡이 발달하게 되었을 때 테마들이 갖는 생각과 정서는 성악곡에서 부여되었던 연상을 그대로 활용하는 경우가 많았다. 그러므로 기악곡이 어떤 정서를 유발하느냐는 문화권마다 사뭇 다른 양상을 띠곤 하는데, 이는 성악곡에서 형성된 연상이 테마와 정서를 연결시키는 역할을 하기 때문이다. 그렇다면 애당초 성악곡에서 정서와 곡의 연결이 임의적인지는 생각해 볼 문제이다. 곡이 정서와 연결될 때에는 인간의 동작을 연상시키는 것이 중요한 역할을 하기 때문에 빠르게 움직이는 몸동작과 어울리는 2박자는 즐겁거나 힘찬 정서와 잘 들어맞고, 조금 느리게 움직이는 3박자는 흥겨운 춤 동작과 잘 어울리므로 춤 동작에서 연상되는 흥겨움의 정서와 연결되기 쉽다. 조금 느리기는 하지만 발걸음과 잘 들어맞는 4박자는 걷는 동작과 어울리는 정서들을 유발하곤 한다. 그러므로 슬픔은 일반적으로 느린 곡에, 즐거움은 빠른 곡에 연결되는 것이 보편적이라고 할 수 있다. 그런 점에서라면 정서와 박자 사이에 어느 정도 연관이 있다고 할 수 있지만 어떤 박자가 하나의 정서에만 연결되는 것이 아니기 때문에 음악 전통이 어떻게 형성되느냐에 따라 성악곡마다 각기 다른 정서를 연결시키고 그러한 집단적인 경험이 그 음악 문화권의 독특하면서도 자연스러운 연상을 지배하게 된다.

가사와 곡의 연결을 주된 감상 포인트로 생각하는 사람은 가사가 전달하는 생각과 정서를 곡이 얼마나 참신하게 뒷받침해 주는지를 좌뇌와 우뇌의 협력을 통해 추론한다. 가사 자체가 전달하는 생각과 정서에 관심을 집중하고 그에 우선적으로 반응하는 사람은 좌반구의 기능에 크게 의존하여 성악곡을 감상하는 것이다. 반면에 곡 자체에 우선적으로 관심을 기울이면서 순간순간 악기

(사람)의 소리가 만드는 아름다움이나 테마가 만들어 내는 아름다움에 주의를 집중하거나 곡 자체의 화음 진행이나 구조에 관심을 기울이는 방식으로 곡을 감상하면서 가사에는 큰 주의를 기울이지 않는 사람은 우반구의 기능에 크게 의존하여 성악곡을 감상하는 것이다.

제7장

음악 치료와 인간의 본성

HOMO MUSICUS

7

음악 치료와 인간의 본성

1. 음악 치료의 발전

음악 치료는 음악을 치료 목적으로 사용하는 것이다. 여기서 치료 목적이란 정신적·신체적 건강을 회복시키거나 유지 또는 향상시키는 것을 총칭한다. 음악 치료의 대상이 되는 질병은 정신 질환, 발달 장애, 노인 질환 등 그 범위가 넓다.[1] 음악 치료사는 선율, 화성, 리듬, 음색, 형식을 활용하여 환자를 치료한다. 환자는 음악을 듣거나 연주하거나 작곡하거나 음악에 맞추어 몸을 움직이거나 악보를 읽거나 노래하는 행위를 통해 음악의 치료 효과를 체험한다.

---

1 최병철, 『음악치료학』(서울; 학지사, 1999), p. 17.

피타고라스는 일찍부터 음악이 영혼에 미칠 수 있는 힘을 인식하고 그 중요성을 강조했다. 그는 자연에 있는 수학적 질서를 주장하면서 음악이 인간의 영혼에 미치는 영향을 그 증거로 제시했다. 피타고라스는 공동생활을 하는 하나의 철학적 분파를 형성하였는데, 취침 전에 제자들에게 음악을 들려줌으로써 하루 종일 교란되었던 영혼에 안식을 찾게 해 주었다고 전한다. 한번은 애인이 다른 남자와 함께 집에서 나오는 모습을 보고 살의를 품은 남자에게 피타고라스가 특정한 선법의 음악을 들려주자 분노했던 남자는 마음이 진정되고 평안을 얻고 돌아가서 살인을 피할 수 있었다는 일화가 전한다. 음악에 인간의 영혼을 통제할 수 있는 힘이 있다는 믿음은 이후 음악의 신비한 힘에 대한 광범위한 믿음을 유발하였다. 17세기에 이르러서도 음악 이론가인 키르허(Athanasius Kircher)는 네 가지 체질이 선호하는 음악에 대해 언급했다. 우울질은 슬프고 딱딱한 음악을 좋아하고 다혈질은 무도 음악을 좋아하고 담즙질은 격정적인 음악을 좋아하고 점액질은 여성의 목소리를 좋아한다고 했다.

음악이 인간의 정신에 미치는 힘에 대한 인식은 서양뿐 아니라 여러 문화권에서 이루어져, 아프리카나 아시아 등의 전통 사회 공동체에서 무당이나 영매가 음악을 활용하여 축사(逐邪)를 하거나 허약해진 영혼을 달래 주는 사례가 많다. 티베트의 수도승은 독특한 발성법을 활용하여 노래를 부름으로써 영혼의 정화를 도모하고 육체의 질병을 치료하는 의료적 실행을 하기도 한다.

기독교에서는 유대교에서 비롯된 관습에 따라 예배 의식에서 음악을 광범위하게 사용하였다. 그 결과 서양 음악의 발전 과정에서 교회의 역할이 지대했다. 그레고리오 성가는 이러한 노력의 결정체로서, 리듬이 단순한 음을 연속적으로 배열하는 방식으로 인간의 영혼을 신에게 접근시킬 수 있다는 믿음을 반영한 것이었다. 그렇지만 히포(Hippo)의 아우구스티누스(Augustinus)는 음악이 영성을 고양시키는 데 방해가 될 수 있다고 경고하기도 했다. 성가의 가사를 통하여 신에게 영광을 돌림으로써 영적으로 진보하기보다는 아름다운 곡조 자체를 즐기게 된다면 그것은 육신적인 정욕을 따르는 것과 다를 바 없다는 것이다. 이러한 태도는 17세기에 영국에서 청교도 혁명이 발생했을 때 다시 부각되어 교회 음악을 없애려는 시도로 이어지기도 했다. 그렇지만 음악이 마음을 움직일 수 있다는 부정할 수 없는 사실 때문에 종교적 목적을 달성하는 데 음악이 기여하는 바를 부인할 수 없었기에 교회 음악은 신교나 구교 구분 없이 널리 사용되기에 이른다.[2]

음악이 두려움을 없애 주고 용기를 주기 때문에 군사나 전쟁에 이용된 것은 고대 기록부터 남아 있다. 심리적 효과를 극대화하는 음악의 작용은 뇌 차원에서 바라보면, 후두엽의 청각 영역에 전

2 구자현, 『음악과 과학의 길: 본질적 긴장』(서울: 한국문화사, 2014), p. 63.

달된 정보가 변연계의 감정 중추에 전달됨으로써 두려움을 억제하고 용기를 북돋우는 기능을 하는 데서 유발된다고 할 수 있다. 그리하여 군가를 부르면 즐거움의 정서나 과감함의 정서가 북돋워지면서 그것에 상반된 슬픔과 두려움의 정서는 위축된다. 이러한 감정이 화학 물질에 토대를 두고 이루어진다는 것은 감정의 전환이 약간의 시간적 지체를 요구한다는 사실로부터 지지된다. 뇌 속에서 신경 세포와 신경 세포를 연결하는 시냅스 간에 신경 전달 물질의 분비와 그것의 포획이 이루어짐으로써 신호 전달이 가능해지는데, 이러한 화학적 신호 전달은 신경 세포의 축삭에서 세포 내부와 외부 간에 이루어지는 소듐 이온과 포타슘 이온의 교환에도 개입한다. 양전하를 띤 금속 이온들이 세포 내부와 외부 사이에서 움직임으로써 활동 전위가 유발되고, 그에 따라 전기 신호가 축삭을 따라 전달된다. 전기 신호가 축삭 말단에 도달하면 신호가 다음 신경 세포로 건너뛰기 위해 시냅스를 통과해야 하는데, 여기에서 신경 전달 물질의 분비와 수용이 활용된다. 분비된 화학 물질은 시냅스를 건너서 다음 신경 세포의 수상돌기에 있는 수용기에 수용됨으로써 신경 신호가 다음 신경 세포로 전달된다.

음악의 치료 효과를 공식적인 치료 행위의 범주로 올려 놓게 된 것은 1950년대에 이르러서였다. 제2차 세계대전 중에 부상병의 위문 활동에서 음악이 기여한 점을 인정받은 것이 계기가 되어 미국 육군은 음악대학에 음악 전문 인력의 파견을 요청하게 되었다.

이러한 공적 활동이 대중적 인식을 제고하여 1950년에 미국에서 전국음악치료협회(National Association of Musical Therapy)가 결성되었고 음악 치료사 자격증을 부여하기 위한 교육과 훈련 규정이 수립되었다. 이로써 과학적인 음악 치료술이 학문적 위상을 부여받아 발전하기 시작했다.[3]

음악이 생리적 측면에 미치는 영향에 관한 실험 연구에서 일반화가 어려운 이유는 같은 음악에 대하여 피험자마다 상이한 반응이 나오는 경우가 많고 심지어 같은 피험자도 상황에 따라 생리적 반응이 다르게 나오기 때문이다. 그럼에도 불구하고 자극하는(흥분시키는) 음악과 안정시키는(진정시키는) 음악이 상이한 특성을 갖는다고 말할 수 있다. 전자는 리듬이 빠르고 스타카토, 싱커페이셔, 악센트를 이용하며 음역이 넓고 음고의 변화가 크며 조성이 변화가 커서 예상치 못한 화음 진행을 보인다. 반면에 후자는 리듬이 느리고 레가토를 이용하며 음역이 좁고 음고가 순차적으로 바뀌며 조성이 변하지 않거나 관계조에 따른 화음 진행을 보인다. 결과적으로 흥분시키는 음악은 교감 신경을 자극하고, 안정시키는 음악은 부교감 신경을 자극한다.

---

3 최병철, 『음악치료학』, pp. 40-48.

2.
혼수상태에서의 음악 청취

사람은 혼수상태에서도 음악을 들을 수 있는 경우가 있다는 것이 널리 알려져 있다. 혼수상태에 있을 때 의식은 깨어 있지 않기 때문에 체계적인 추론적 사고나 인지적 사고는 할 수 없지만 가장 기본적인 감각적 인지는 가능한 경우가 있다. 그리하여 혼수상태에서 깨어난 어떤 사람들은 자신이 혼수상태에 있을 때 의사나 간호사가 병상 옆에서 자신에 대해 무슨 말을 하는지는 알 수 없었지만 당시 분위기는 알 수 있었다고 한다. 더구나 자신을 만지는 사람들의 손길에서 자신을 존중하는지, 싫어하는지, 멸시하는지, 사랑하는지를 느낄 수 있었다고 한다. 이러한 인식은 영아들에게도 가능한 것으로, 동물적 본능에 가깝다고 할 수 있다. 아기는 어르는 소리나 자신을 만지는 손길을 통해 엄마가 자신을 사랑하는지 귀찮아하는지를 본능적으로 감지하고 울음이나 미소로 반응한다. 혼수상태에 있는 사람은 보지도 못하고 말도 못 하고 자극에 대하여 어떤 능동적인 반응도 하지 못하지만 소리를 듣고 그것이 전달하는 정서를 인지할 수 있는 경우가 있다.

임상 보고에 따르면, 혼수상태인 사람에게 음악을 반복해서 들려주자 뇌파가 반응하기 시작했고 서서히 의식이 돌아오는 반응을 보이다가 마침내 의식이 돌아오고 운동 근육을 움직일 수 있게

됨으로써 온전히 회복된 경우가 있다. 이러한 사실로부터 우리는 음악이 뇌에 자극을 주어 변연계와 대뇌 피질의 기능을 활성화하고 음악을 인식할 수 있는 능력을 되살아나게 함으로써 변연계와 대뇌 피질의 공조를 회복시켰다는 것을 알 수 있다.

일찍이 히포크라테스(Hippocrates)는 우울증을 치료하는 데 음악이 효과가 있다고 했고 로마의 의사인 갈레노스(Galenos)는 정신병에 음악이 효과가 있다고 했다. 그리스 로마 신화에 나오는 아폴론은 태양의 신이자 의술과 음악의 신이었다. 아폴론이 의술과 음악 모두의 신이었다는 것은 그리스인들에게 음악과 의술이 긴밀히 연결되어 있다는 의식이 있었음을 드러낸다. 그의 아들인 아스클레피오스(Asclepios)는 의학과 치료의 신으로서 그의 신전은 치료소였다. 여기에서 음악은 환자에게 황홀경을 경험하게 하고 신체와 영혼의 치료 능력을 일깨우는 것으로 여겨졌다.[4] 그의 전설상의 종인 오르페우스(Orpheus)는 음악으로 하늘의 움직임을 멈출 수 있었고 동물을 조용하게 만들고 사람들의 병을 고쳤다. 또한 음악으로 신의 마음을 움직이는 놀라운 능력으로 저승에 가서 아내를 데려오기도 했다. 이는 그리스인들이 음악의 신비한 치료 효과에 대하여 얼마나 깊은 믿음을 가지고 있었는지를 보여 준다.[5]

어느 날 사람들이 마르틴 루터(Martin Luther)의 집을 방문했을

---

4 구자현, 『음악과 과학의 길: 본질적 긴장』, p. 40.
5 구자현, 『소리의 얼굴들』(대구: 경북대학교출판부, 2015), p. 76.

때 루터가 오랜 금식으로 바닥에 쓰러져 기절해 있었다. 흔들어도 깨어나지 않는 루터 옆에서 동료들이 그가 좋아하는 노래를 부르자 루터가 조금씩 몸을 움직이기 시작하더니 정신을 차리고는 함께 노래를 불렀다고 한다.[6] 이러한 일화는 혼수상태의 환자에게 음악이 의식을 깨어나게 하는 자극이 되었다는 임상 보고들을 통하여 그 신빙성이 강화된다. 의식 상태가 불완전한 사람에게 음악을 들려주는 것은 말로 의사를 전달하는 것보다 효과적일 수 있다. 환자의 호흡 주기에 맞추어 노래를 불러 주고 환자의 미세한 반응에 따라 노래를 바꾸어 주면 환자와 상호작용이 일어나기 시작한다. 의식이 좀 더 돌아오면 환자에게 북을 주어 노래에 반응하여 북을 치도록 하면 상호작용이 더 활발하게 진행되면서 뇌의 다른 능력이 회복되기도 한다.[7] 이로부터 음악은 인간의 의식이 제 기능을 하지 못할 때에도 사람의 뇌를 자극할 수 있고 그것이 되먹임을 통하여 의식을 담당하는 대뇌 피질을 자극할 수 있다는 것을 알 수 있다.

대뇌 피질이 덜 발달된 상태인 유아 단계에서 음악이 발달상에 중요한 기여를 한다는 사실이 주목을 받고 있다. 특히 인성의 중요한 요소를 형성하는 정서의 함양에 끼치는 영향은 지대하다. 청각은 태아 상태에서 일찍이 발달하기 때문에 아기가 부모의 대화를 듣고 외부 소리에 민감하게 반응한다는 것이 사실이다. 태아

6 힌리히 반 데에스트, 『음악 치료』(서울: 시유시, 1998), p. 51.
7 데에스트, 『음악 치료』, pp. 90-93.

에게 가장 친숙한 소리인 어머니의 심박동 소리는 심리적 안정감과 음악의 기초를 이루는 박자 감각의 토대가 된다. 그러므로 엄선된 태교 음악을 통하여 태아의 정서를 순화하고 음악에 대한 민감성을 드높임으로써 세상에 나와서도 음악을 향유할 수 있는 사람이 되게 할 수 있다. 일반적으로 음악을 향유할 줄 아는 사람은 음악을 통해 불안, 분노, 흥분과 같은 부정적인 정서를 쉽게 완화하고 행복, 기쁨, 흥겨움, 평안과 같은 긍정적인 정서를 유지할 수 있다.

음악이 사람들의 정서에 미치는 지대한 영향력은 여러 분야에서 효과적으로 활용되고 있다. 백화점이나 대형 매장에서 차분한 음악을 틀어 주면 고객들이 침착한 분위기 속에서 사야 할 물건들을 빠뜨리지 않고 구매하게 된다. 붐비는 식당에서 경쾌한 음악을 틀어 주면 소화액 분비가 원활해져 소화가 잘되고 식사 속도도 빨라져서 손님이 빨리 식사를 마치고 나가게 된다. 수술이나 치과 치료를 받는 환자에게는 좋아하는 음악을 들려주어 편안한 분위기를 느끼게 도와주고 고통이나 공포심을 줄여 줄 수 있다. 산업 현장에서도 제2차 세계대전 이래로 음악을 도입함으로 작업 능률을 향상시킬 수 있었다는 보고가 많다. 광고에서도 소비자가 좋아하는 배경음악을 들려줌으로써 상품에 대한 구매 의욕을 고취할 수 있다.[8]

음악이 일으키는 연상 작용은 사회적으로 고립된 사람이나

---

8 최병철, 『음악치료학』, p. 98.

치매 환자에게 자극을 줌으로써 치료 효과를 나타낸다. 이러한 연상은 사람마다 매우 독특하게 나타나는데, 과거의 즐거웠던 경험이나 분위기를 연상시키는 음악은 실제로 과거에 들었던 음악일 수도 있고 그렇지 않은 음악일 수도 있다. 듣지 않은 음악인데도 연상을 일으킬 수 있는 것은 선율, 음색, 리듬, 화성, 형식 또는 가사에서 연상을 일으키는 정보가 전달될 수 있기 때문이다.

음악 치료에 활용되는 원리 중 하나는 동질성의 원리이다. 클라이언트의 내면의 상태에 소리를 일치시킬 때 내면의 호응을 이끌어 낼 수 있다. 우울한 사람은 경쾌한 음악보다는 슬픈 음악에 더 우호적인 반응을 보이고 즐거운 사람은 차분한 음악보다 흥겨운 음악을 더 선호한다. 치료사는 환자와 커뮤니케이션을 위하여 동질성을 추구하여야 할 텐데, 여기에는 매우 복잡한 차원의 동질성이 개입할 수 있다. 이러한 동질성을 잘 활용하면 치료사와 환자 사이에 라포(rapport)가 형성됨으로써 원활한 감정 교류가 가능해지고 치료 효과를 극대화할 수 있다.

음악 치료가 효과를 볼 수 있는 영역으로 자폐증이 있다. 자폐증 환자의 경우 의사소통에 문제가 있거나 주변 환경에 대한 잘못된 인식과 그에 따른 공포심, 정형화된 이상 행동을 특징으로 한다. 이런 증세들은 변연계에서 올라오는 정서에 관련된 신호를 전두엽 피질이 판단할 때 주변 환경에 대한 인식이 제대로 이루어지지 않아 위험 상황으로 오인하여 과잉 반응을 일으키는 것과 관계된다. 그리하여 심지어 자기가 재채기를 하거나 기침을 했을 때에도 그것을 비상 상황으로 인식하여 공포심을 가지고 대응을 한다. 이런 증세를 완화하기 위하여 음악은 지속적인 교란으로서 이런 외부적 자극이 공포의 대상이 되지 않는다는 것을 인지하도록 돕는 역할을 한다. 지속적인 교란은 자극에 대한 반응을 완화하는 작용을 하는바 음악 소리는 때때로 나오는 큰 소리를 통하여 자폐증 환자에게 큰 소리에 대한 놀람 반응을 완화하는 효과를 갖는다. 음악 자체가 평안한 정서적 반응을 유발하는 효과가 있기 때문에 음악 소리 중에 큰 소리는 놀람 반응을 유발하지 않으면서 지속적인 노출을 통하여 큰 소리에 대한 위기감을 줄여 주는 효과를 낸다. 이렇게 훈련이 되면 기침이나 재채기와 같이 큰 소리에 대하여 과잉 대응이 사라지게 된다.[9]

또한 음악은 노인들이 직면할 수 있는 심신상의 문제를 해결하는 데 효과적이다. 노인들은 노화로 인하여 퇴행하는 몸의 기능을 악기를 다루고 음악에 몸을 맡기는 활동을 통하여 회복하거나 유지시킬 수 있고, 사회적 고립으로 유발되는 우울감과 커뮤니케이션 능력의 감퇴 등 심리적·사회적 기능 저하를 음악 활동을 통하여 극복할 수 있다. 노인성 치매의 경우 베타아밀로이드가 뇌에 침적되어 아세틸콜린과 같은 신경 전달 물질의 분비를 저해함으로

9 도리타 베르거, 『자폐 아동을 위한 음악치료와 감각 통합』(서울: 시그마프레스, 2012), p. 67.

써 발생하는 것으로 알려져 있지만 대인 관계가 활발하고 원만한 사람은 그 피해를 피할 수 있다고 한다. 역시 음악 치료를 통하여 사회적 활동성을 유지하고 행복한 대인 관계의 자극을 이어 가는 것이 치매 예방과 치료에 효과적이라고 보고되고 있다.[10]

3.
변연계와 대뇌

생물이 무생물과 다른 점 중 하나는 무생물 간의 상호작용과 다르게 생물 사이의 상호작용은 정보를 주고받는 과정이라는 것이다. 원자와 원자 사이, 천체와 천체 사이, 돌과 바위 사이에서 일어나는 상호작용에서는 정보를 주고받는 일이 없다. 우주 배경 복사선에는 우주의 시작인 빅뱅 정보가 들어 있다. 또한 사람들이 전파 통신을 할 때 전자기파에 실린 정보를 서로 주고받는데 이러한 정보는 전파에 실려 있다. 화석은 과거의 환경에 대한 정보를 긴 시간을 뛰어넘어 우리에게 전해 준다. 사물에 들어 있는 정보를 처리하기 위해서는 상호작용의 어느 한쪽 편이 정보를 해석할 수 있는 능력이 있어야 한다. 정보를 정보로 인식하는 주체가 있지 않다면 그것은 정보 처리 과정이라고 볼 수 없다. 아메바 같은 단순한

---

10 최병철, 『음악치료학』, pp. 196-207.

생명체조차도 주변 환경의 빛에 반응하여 반응을 보이는 것으로 볼 때 정보 처리 과정을 거치고 있음을 알 수 있다.

긴 시간의 차원을 생각해 보면 생물의 진화 과정에서 환경의 정보가 돌연변이와 선택을 통해서 생명체의 유전자 속에 반영된다. 이러한 과정도 정보 처리 과정이라고 생각할 수 있다. 아메바에서 나타나는 감각기와 그에 대한 반사적 반응 메커니즘은 원시적인 정보 처리 과정에 토대를 둔 것이다. 이러한 정보 처리 과정은 동물뿐 아니라 식물에서도 나타난다. 식물도 생존과 종족 번식의 가능성을 높이기 위하여 더 정교한 정보 처리 과정을 진화를 통하여 획득하게 되었다. 그렇지만 가장 확실하고 효율적인 정보 처리 능력은 동물에서 신경계의 출현을 통해 실현되었다. 신경계를 통해서 동물들은 더 복잡하고 정교한 정보 처리가 가능해졌다. 군소나 문어와 같은 무척추동물에서 나타난 신경계는 발전하여 신경 세포가 집중되어 정보를 처리할 수 있는 중추 신경계를 출현시켰고, 중추 신경계의 말단은 뇌로 발전했다. 뇌는 감각 영역, 연합 영역, 운동 영역에서 이루어지는 정보 처리 과정을 통하여 복잡한 정보를 인식하고 그에 대하여 반응할 수 있는 능력을 구비하게 되었다. 이러한 신경계의 말단에는 민감한 감각기가 분포하여 다양한 종류의 자극을 신호로 전환해 신경 세포의 연속체를 통하여 뇌로 전달하는 일을 한다. 이러한 자극의 대부분은 무의미한 것이지만 그중에는 개체의 생존에 결정적인 정보들이 포함되어 있다. 무엇보다 중앙 처리 장치로서 뇌는 복잡한 정보를 해석하고 그것에 대하여 최적화된 반응을 유발하며, 주변 환경에 대한 재현뿐 아니라 미래 예측까지 함으로써 개체의 생존을 위하여 종합적인 기능을 수행한다. 뇌의 중심에 위치한 기저핵은 희망과 걱정, 기쁨과 슬픔, 두려움과 용기, 만족과 불만 등 상반되는 정서를 유발한다. 변연계는 주변의 사건들이 유기체에 해나 득을 가져오리라 기대될 때 고통과 쾌락에 대한 예상을 한다. 이러한 정서 상태는 동물이 생존과 번식에 최대한 이로운 방향으로 반응하도록 동물의 동기를 인도한다. 이러한 반응 메커니즘이 동물의 본능과 충동을 지배하는 핵심이다. 이러한 본능과 충동이 없다면 빠르게 변화하고 예측할 수 없는 환경에서 복잡한 운동성 유기체의 생존이 불가능할 것이다. 정서의 충족과 불만족은 뇌의 화학 정보 체계에 의해 통제된다. 사람의 경우 변연계의 본능적 반응이 대뇌 피질에 전달되어 인식의 차원으로 부각되면 자신의 감정을 인지하고 그것에 대하여 보고할 수 있게 된다. 이러한 변연계와 대뇌 피질의 공조에서 의식이 발현된다. 사람의 뇌는 이러한 상호작용을 감시하고 통제할 수 있다. 개체의 성장 과정에서 형성된 인지 체계와 계통 발생에서 얻어진 정보에 의해 형성된 본능 체계라는 두 가지 독립적인 정보 처리 체계가 공조하여 의식이라는 종합 기능을 발현시키지 않았다면 단일한 지능은 발생하지 못했을 것이다. 단순한 지각적 행위조차 변연계에서 반응을 유발한다. 음악적인 예로는 두 개의 복합음이 협화적 중첩을 만들어 낼 때 얻어지는 쾌감이 있다. 이것은 여러 개의 일치하는 배음 진동수들을 갖기 때문에 뇌가 처리하기 수월한 음악적 신호에 해당한다. 다른 예로는 화음 진행에서 예상이 들어맞았을 때 얻어지는 편안함이라는 보상과, 갑작스러운 변경이 유발하는 파격에서 얻어지는 쾌감이 있다.

그렇다면 다른 동물도 음악에서 이러한 쾌감을 느끼는가? 고양이, 토끼, 침팬지를 대상으로 이루어진 실험들에서는 동물들이 인간처럼 복합음의 우선적인 속성을 처리한다는 것을 보여 주지만 사람처럼 음악에서 즐거움을 느끼고 화음의 연속에 대하여 기대를 하고 어떤 경우에는 파격적 화음에 대하여 소름이 돋는지는 의문을 남긴다. 사람의 뇌와 동물의 뇌에 차이가 있다는 것을 염두에 둘 필요가 있다. 동물에게도 사람과 유사한 기억의 능력이 있지만 사람처럼 마음대로 과거를 회상할 수는 없다. 동물은 외부 자극 없이는 사람처럼 저장된 정보를 이미지나 재현된 양상으로 회상하거나 그것을 변형하여 저장할 수 없다. 다시 말해 인간의 뇌는 자신의 되먹임 정보를 통제할 수 있지만 동물은 몇 초 정도의 짧은 시간 후에 일어날 일을 신체적 자극이 있을 때에만 예상할 수 있다. 외부 입력 없이 정보를 회상·변경·재저장하는 행위는 사람에게 고유한 사고 과정 또는 추론 과정이라고 할 수 있다.

동시적 입력 없이 회상할 수 있는 능력의 진화는 엄청난 효과를 불러왔다. 특히 저장된 상을 재고하고 변경하는 능력은 이전에

간과되었던, 시간 간격이 벌어져 있는 원인과 결과 사이의 인과 관계를 발견할 수 있게 해 주고, 지나간 시간과 미래 시간에 대한 정량적 관념을 인식하게 해 주었다. 동물에서는 인과 관계를 확립할 수 있는 시간 간격이 수십 초 범위에 불과하고, 다른 자극이 연이어 들어올 경우에는 그 시간 간격이 더 빠르게 줄어든다. 인간은 오래전의 과거에 대해 회상하고 먼 미래에 대해 예상할 수 있다. 사건들을 시간 순서에 따라 나열하는 능력은, 아직 일어나지 않은 사건에 대한 정신적 재현을 통하여 계획과 장기 예측을 가능하게 해 주었다.

이와 병행하여 복잡한 정신적 상을 단순한 음성 신호로 암호화하는 능력이 개발되었고 이에 따라 인간 언어가 등장하였다. 언어의 등장은 인간 지능의 발전에 결정적 중요성을 갖는다. 왜냐하면 청각 피질과 운동 피질의 어떤 부분들이 언어적 상의 암호화와 해독을 전담하기 시작했고 인간의 사고 과정은 언어 네트워크에 의해 영향을 받거나 통제받기 시작했기 때문이다. 그렇지만 인간이 항상 언어로 사고하는 것은 아니다.

이러한 발전과 더불어 변연계의 지배를 거절함으로써 행동을 지연시키거나 외부 자극 없이도 변연계를 의도적으로 자극할 수 있는 능력이 생겨났다. 전자의 경우는 배고픔을 참고 다이어트를 지속하는 능력에서, 후자의 경우는 악곡을 떠올리면서 쾌감을 느끼는 데에서 발견된다. 이로써 당장의 감각적 입력과 관계없는 정신적 상이나 감정이 만들어질 수 있게 되었다. 그 결과 인간은 상상의 세계 속에서 온갖 감정을 느낄 수 있는 능력을 갖게 되었고, 이에 따라 음악을 들으면서 당장 듣고 있는 소리를 앞에서 들은 소리와 뒤에서 들을 소리와 연결시켜 시간적 흐름에 배열된 청각적 상을 만들어 냄으로써 기대를 충족시킬 때 얻는 쾌감과 기대에 어긋나는 파격에서 오는 쾌감을 모두 느낄 수 있게 된 것이다.

이러한 뇌의 회상 및 예측 능력은 음악을 머릿속에서 되새기는 것을 가능하게 해 주었는데, 음악을 기억할 때 활성화되는 부위가 실제로 음악을 들을 때 활성화되는 부위와 거의 같다는 것이 뇌 촬영술을 통해 확인됨으로써 이러한 능력이 입증되었다. 게다가 음악을 상상하는 과정에서 청각과 관련이 없는 뇌의 부위들도 체계적으로 활성화된다는 것이 확인되었다. 사람은 음악을 들으면서 음악에 맞추어 지휘자처럼 손을 흔들거나, 가수처럼 성대를 움직이거나, 악기 연주자처럼 손을 움직이는 것이 가능한데, 음악과 함께 이러한 동작을 상상함으로써 해당되는 신체 부위를 제어하는 뇌의 부위가 활성화된다는 것이 뇌 촬영에 의해 확인되었다.

작곡가들은 어떻게 음악을 작곡하는가? 그들은 일반인들에 비하여 음악을 기억하고 회상할 수 있는 능력이 탁월하다. 뿐만 아니라 자신이 상상한 음악의 상을 자르고 편집할 수 있는 능력이 있어서 이전에 들었던 음악을 회상하고는 그 안의 음악적 기호들을 창조적으로 조합하여 새로운 곡을 만들어 낼 수 있다. 모차르트 같은 천재적 작곡가는 한 번 들은 음악을 세세한 부분까지 기억할 수 있었다고 알려져 있고 그의 곡들은 이전에 존재했던 곡들의 창조적 변형이었다는 것을 확인할 수 있다. 사람의 뇌가 진화적으로 이룩한 특별한 능력은 보통 사람에게는 없는 능력이어서 놀라움을 준다. 게다가 그러한 능력이 돌연변이를 통하여 유전자풀 속에서 극히 적은 빈도이지만 늘 생성되고 있기 때문에 사람들 사이에서 그것이 선호된다면 후손에게 물려져 확장될 수 있는 가능성이 있다.

사람의 의식은 변연계와 대뇌 피질의 공조에 의해 형성된다. 오랜 진화의 연장선상에서 발달되어 형성된 변연계의 본능적인 정서 유발 메커니즘은, 대뇌 피질에서 개체의 경험을 통하여 만들어진 인지적 판단 메커니즘과 공조하여 복합적인 프로그램으로 의식을 형성하고 그 의식이라는 고차적 수준에서 소리 예술로서 정서를 촉발하기도 하고 통제하기도 하는 음악을 창작하고 감상할 수 있는 능력이 부여되는 것이다.

4.
음악의 보편성과 특수성

음악이 모든 문화권에서 발달했다는 사실로부터 음악은 인간에게 보편성을 갖는다고 말할 수 있다. 그런가 하면 각 문화권의 음악이 갖는 특수성 또한 존재한다. 지역별·시기별로 어떤 음계를 만들어 사용하느냐에 따라 상당히 다른 음악이 존재해 왔고, 음악의 형식 자체가 시간적·공간적 다양성을 갖는 것을 우리는 확인할 수 있다.

음악의 보편성을 말할 때 다음과 같은 세 가지 요소를 드는 데 누구나 동의할 것이다. 첫째, 모든 문화권에서 공통적으로 받아들이는 음악의 요소가 있다. 모든 음악이 옥타브를 기반으로 하고 있으며, 인간이 인식하는 협화음/불협화음이 여러 문화권에서 공통성을 갖는다. 둘째, 음악의 소리와 형식에 주의를 집중하는 동기가 어느 곳에나 존재한다. 이러한 동기는 음악을 좋아하고 음악을 아름답다고 생각하는 인식에서 모든 사람들이 공통적이라는 점을 지적하는 것이다. 셋째, 음악에서 정서적 반응이 유발된다는 점에서 만국 공통이다. 누가 강제하지 않는데도 사람들은 음악을 들으면서 정서적 공감을 얻는다. 비록 어떤 곡조를 슬픈 곡조로 받아들일 것이냐 즐거운 곡조로 받아들일 것이냐를 두고는 의견이 엇갈릴 수 있으나 특정한 지역 특정한 시점에 함께 존재하는 인간 집단에서 어떤 곡조에 대하여 공통적인 감정을 갖는 일이 많다는 사실은 세계 어느 곳에서나 확인된다.

보편적으로 인간이 음악에서 정서적 반응을 느끼는 속성은 변연계와 대뇌의 상호작용을 가능케 하는 구조적 특성에서 비롯된다고 할 수 있다. 인간이 변연계와 대뇌 피질의 상호작용에 의해 이원적 감정 체계를 인식하고 통제하는 능력을 갖지 않았다면, 그리고 뇌에 저장된 정보를 아무 때나 불러내서 수정하여 다시 저장할 수 있는 능력을 갖추지 않았다면 인간은 음악을 만들고 예술을 만드는 행위를 하지 못했을 것이다. 로봇도 프로그래밍이 되면 정해진 규칙에 따라 작곡을 할 수 있을 테지만 작곡을 하고 싶어 하거나 연주되는 곡을 즐기지는 않을 것이다.

인간의 언어와 음악과의 관련성은 최근의 뇌 과학에서 많은 관심을 끄는 주제이다. 척추동물의 몸은 대부분 좌우대칭으로 되어 있는데, 특히 외부 환경으로부터 정보를 수집하는 감각 기관과 그에 반응하여 운동하는 운동 기관은 좌우 대칭이 기본이다. 이러한 대칭성은 사람의 뇌에서도 마찬가지로 발견된다. 좌반구와 우반구는 형태상 대칭형이고 각 반구에서 뻗어 나오는 신경의 위치나 분포도 좌우 대칭을 이룬다. 좌반구는 오른쪽 몸을 관장하고 우반구는 왼쪽 몸을 관장한다. 방향을 지각하는 데 결정적인 시각이나 청각에 관여하는 기관에 연결된 구심성 신경뿐 아니라 다리와 팔을 제어하는 원심성 신경에서도 좌우 교차는 여지없이 나타난다.

시각의 경우에는 왼편에 있는 물체의 상은 양쪽 눈의 망막의 오른쪽에 상하가 뒤집힌 형태로 맺히는데, 왼쪽 눈의 우측 망막은 신경이 우반구 후두엽으로 연결되어 있고 오른쪽 눈의 우측 망막도 신경이 우반구 후두엽에 연결되어 있다. 오른편에 있는 물체의 상은 양쪽 눈의 망막의 왼쪽에 맺히는데, 오른쪽 눈의 좌측 망막은 신경이 좌반구 후두엽에 연결되어 있고 왼쪽 눈의 좌측 망막도 신경이 좌반구 후두엽에 연결되어 있다. 이로써 왼쪽에 있는 물체의 정보는 양쪽 눈에서 모두 우반구 쪽으로 전달되어 합쳐지고 오른쪽에 있는 물체의 정보는 양쪽 눈에서 모두 좌반구 쪽으로 전달되어 합쳐진다. 이로써 감각에서 운동으로 이어지는 신체 반응의 경로가 짧아져서 반응 시간을 줄일 수 있어 효과적이다.[11]

양쪽 귀에서 뻗어 나온 청신경은 청각 피질인 측두엽의 청각 영역으로 연결되는데, 신경 교차가 뇌간에서 발생하므로 왼쪽 귀의 청신경이나 오른쪽 귀의 청신경에서 나온 신호가 모두 좌우 반구의 측두엽에 전달된다. 이런 이유로 뇌간을 지난 후에 신경이 손상되어도 양쪽 귀로 듣는 데에는 전혀 문제가 없다. 다른 피질 영역처럼 1차 청각 피질은 기둥 모양으로 형성되어 있어서 구분되는 소리들을 식별한다. 주변의 고차원의 청각 피질은 별개의 소리들을 통일성 있는 의미를 갖는 유형으로 통합한다. 좌우 측두엽에서 이루어지는 이러한 작동은 좌반구 측두엽에서 특징적으로 이루어지는 언어와 관련된 직렬적 과정과 무관하게 모든 소리에 대하여 발생한다.[12]

사람의 뇌가 측위화되어 있어서 언어와 관련된 기능이 한쪽 반구에 국한되게 된 것은 특이한 현상이다. 그와 더불어 몸짓, 발화, 흉내 내기 등 운동과 관련된 부위들도 같은 반구에 주로 몰려 있다. 일종의 마취제인 바비투르 약제를 경동맥에 주사하는 방식

---

11 셔우드 외, 『동물 생리학』(서울: 라이프사이언스, 2007), p. 225.
12 셔우드 외, 『동물 생리학』, p. 243.

으로 한쪽 반구를 마비시키고 수행하는 조사를 통해 좌우 반구의 기능을 파악할 수 있다. 97%의 사람이 왼쪽에 언어 중추를 갖고 있어 언어 처리는 좌반구에서 이루어진다. 지배적인 반구에서 언어를 담당하게 됨에 따라 부차적인 반구는 전체적이고 종합적인 관계를 인지하도록 특화되어 있다. 언어 중추가 한쪽 반구에 존재한다는 사실은 좌반구에 뇌졸중이 온 후에 언어 결함을 갖게 된 환자의 검시에 의해 밝혀졌다. 반면에 우반구의 병변은 시각 패턴 인식 장애와 음색 및 음 기억 상실을 유발한다. 좌반구는 언어의 발화와 이해뿐 아니라 음악의 리듬을 담당한다. 최근에는 반구의 기능을 알아보는 데 fMRI와 PET가 유용하게 쓰이고 있다. 좌반구 측두엽에는 언어뿐 아니라 음악을 처리하는 부위가 있는데, 실험에 따르면 오른쪽 귀로 들어온 소리는 언어를 인식하는 데 더 많이 활용되고 왼쪽 귀로 들어온 소리는 음악의 선율(melody)을 파악하는 데 더 많이 활용된다.[13]

언어나 음악과 같이 소리와 관련될 뿐 아니라 직렬식 정보 처리와 관련된 기능은 좌반구에서 주로 담당함으로써 좌우 반구 사이에서 신호가 전달되는 50밀리초라는 짧은 시간의 지체도 허용하지 않으려 한다. 사람이 입을 빠르게 놀려 음운을 신속하게 발성하더라도 그 말을 다 알아들을 수 있는 것은 이러한 뇌의 측위화

13 Juan Roederer, *The Physics and Psychophysics of Music: An Introduction*(London: Springer, 2008), pp. 191-192.

에 의해 신속하게 정보를 처리할 수 있기 때문이다. 좌반구와 우반구를 연결하는 뇌량을 통과하기보다는 한쪽 반구 내에서 이루어지는 정보 전달이 훨씬 신속하기 때문이다. 좌반구가 직렬식 정보 처리를 전담하게 되자 우반구는 전체적이고 통합적인 정보 처리를 담당하게 되었다. 따라서 얼굴이나 그림을 인식하고, 병렬적인 사고에 의해 가능해지는 입체적이고 통합적인 정보 처리는 주로 우반구의 작용에 의해 이루어진다. 언어가 진화하면서 사람의 언어를 신속하게 처리하기 위해서는 관련된 처리 기능이 양쪽 뇌에 분할되어 교차적으로 정보를 교환하는 방식보다는 한쪽 뇌에서 집중적으로 처리하는 것이 효율적이라는 이유에서 기능 분화가 이루어지는 방식이 선택된 것으로 보인다. 유인원에서조차도 좌우 반구의 대칭성이 잘 지켜지는 반면에 인간에게는 측위화가 보편적으로 나타나는 것은 인간이 가진 언어가 인간성을 규정짓는 데 매우 중요한 요소임을 알 수 있게 해 준다.

그렇다고 해서 음악을 감상하는 모든 과정이 좌반구에서만 이루어지는 것은 아니다. 언어와 관련해서도 정보 처리의 다양한 요소들이 우반구의 기능에 의해 보조되는 것과 마찬가지이다. 청각적 임무와 관련된 좌우 반구의 기능적 특화에 대한 연구에 따르면 짧게 지속되는 자음은 좌반구에서, 상대적으로 길게 지속되는 모음은 우반구에서 주로 처리된다. 문법은 좌반구에서, 시의 운율은 우반구에서 주로 처리된다. 문장의 이해는 좌반구에서 주로 처리되지만 억양과 소음은 우반구에서 주로 처리된다. 정보를 주로 전달하는 강연의 내용은 좌반구에서, 정서적인 감동을 주는 시 낭송은 우반구에서 주로 처리된다. 당연히 강연 중에서도 특별히 청중의 감정을 이끌어 내기 위해 가미하는 성조의 변화는 우반구에서 주로 처리된다. 연설의 논리는 좌반구에서 주로 처리되지만, 음고, 음색, 조성, 화성은 우반구에서 주로 처리된다. 일반적으로 말로 하는 연설은 주로 좌반구를 활성화시키지만 노래는 주로 우반구를 활성화시킨다. 리듬과 짧은 선율에 대한 인식은 주로 좌반구에서 이루어지지만, 긴 선율에 대한 인식은 주로 우반구에서 이루어진다. 가사의 기억은 주로 좌반구에서 이루어지지만 음조에 관련된 기억은 주로 우반구에서 이루어진다.

요컨대 언어가 지식 정보를 전달하는 기능을 담당한다는 측면에서는 좌반구의 기능이 결정적이라고 할 수 있지만 거기에 감정적인 측면이 실리기 위해서는 우반구의 기능이 결정적인 기능을 한다고 할 수 있다. 음악에서도 반복되는 리듬 또는 가락의 인식은 좌반구에서 주로 이루어진다고 할 수 있지만 개별적인 음의 음고와 음색, 화음뿐 아니라 이러한 패턴들이 긴 시간에 걸쳐 만들어 내는 구조를 인식하는 데에는 우반구의 기능이 결정적이라고 할 수 있다. 그렇지만 이러한 특화된 기능들이 다른 쪽의 역할을 전혀 요구하지 않는 것은 아니다. 정보를 처리하기 위해서 두 반구의 기능들은 공조하고 반응을 만들어 내기 위해서 협력한다. 직렬적 작업이 패턴의 인식과 영상의 구조화에 필요하기도 하고, 역으로 전체적 영상화가 직렬적 작업의 수행에 병행되어 요구되기도 한다.

음악이 우반구에서 우선적으로 다루어진다는 것은 음악이 전일론적 특성 인식의 종합적 작용을 주로 요구하는 것을 의미하는가? 복합음의 인식과 관련하여 음악적 자극의 전일론적 특성은 기저막에 형성되는 공명 최댓값들이 만들어 내는, 특정한 순간에 형성된 신경 활동의 공간 분포에서 기인한다. 이러한 신경 활동의 분포가 복합음의 음고를 인지할 수 있게 해 주고, 협화/불협화를 식별하고 조성의 복귀와 예상을 가능하게 해 준다. 뇌가 감지하는 또 하나의 특성은 소리 세기의 스펙트럼에 의해 주어지는 신경 활동량의 상대적 분포이다. 이것은 음색을 식별하게 도와 어떤 악기가 연주되고 있는지를 알게 해 준다. 이것은 시각에서 나타나는 현상과 유사하다. 들어오는 소리의 패턴이 기저막 위에 공간상의 패턴으로 투영된다. 그 결과는 망막에 투영되는 공간상의 상과 유사하다. 그다음에 두 감각계는 각각의 입력을 신경 활동으로 번역하여 뇌로 전달하여 하나는 음악적 감각을, 다른 하나는 영상적 감각을 유발한다.

선율이나 음악적 메시지의 시간 의존성을 생각하면 직렬적 처리가 중요할 것으로 보이고 이는 좌반구에서 주로 이루어지는 일임을 알 수 있다. 우리의 뇌는 전형적인 음악적 메시지를 짧은 순서적 배열이 아니라 장기적인 패턴, 즉 전일론적 본성을 갖는 것으로 인식한다. 다시 말해서 음악은 우리의 뇌에서 통합적이고 전일적인 청각적 상으로 표상된다. 이 청각적 상은 시간상으로 전개되는 전일론적 '게슈탈트'로 인식된다. 이러한 인식이 가능한 것은 사람이 과거와 미래에 걸쳐 기억과 예상을 펼칠 수 있는 능력이 있기 때문이다.

좌우 반구의 기능적 특화인 측위화는 인간의 생존에 직결되는 언어 기능의 발전에 의해 선도되었는데, 거기에서 생겨난 부산물로 인간이 음악을 즐길 수 있게 되었다. 물론 음악을 인지할 수 있는 동물이 인간만 있는 것은 아니다. 음악을 들려주면 닭의 산란율이 높아지고 젖소의 우유 생산량이 증가되는 효과가 있다는 것이 확인되었기에 이러한 동물들이 음악에 반응을 보인다는 것은 확실하지만, 동물들이 음악을 감상할 수 있다고 말하기는 어렵다. 시끄러운 소리 때문에 산란율이나 우유 생산량이 줄어든다는 보고를 볼 때 닭이나 소가 시끄러운 소음과 악음으로 이루어진 음악 소리를 다르게 듣는다는 것은 확실하다. 그렇지만 닭이나 소는 인간이 가진 언어 능력을 가지고 있지 않기 때문에 소리를 처리할 수는 있어도 언어를 처리할 수 있는 고도의 직렬적 사고는 불가능하다. 말을 이해하기 위해서는 음악을 감상할 때 그러하듯이 이전에 발화된 소리의 의미를 파악하고 그것을 다음에 오는 소리의 의미와 연결시켜야 단어에 대한 인식, 더 나아가서 문장에 대한 인식이 가능해진다. 사람은 긴 문장을 말해도 그 의미를 이해할 수 있는데, 이러한 능력은 어린아이에게는 미흡하지만 성장하면서 점차 발달하여 길고 복잡한 문장을 듣는 즉시 그 의미를 이해하는 능력이 생긴다. 가사가 없는 기악곡, 특히 조성적 구조를 중시하는 교향곡과 같은 클래식 음악을 듣고 곡의 구조와 스토리를 파악하는 능력은 긴 연설을 듣고 연사가 전달하고자 하는 다양한 의도를 파악하는 것과 방불한 능력을 요구하므로 가사 없이 몇 시간씩 연주되는 기악곡을 듣고 즐기려면 뇌의 종합적인 능력이 요구된다. 이러한 일을 인간 이외의 동물들이 할 수 있기를 기대하는 것은 동물이 복잡한 언어를 구사하기를 기대하는 것과 같다.

인간이 언어를 통해 의사소통하는 일이 발전함에 따라 부차적으로 신경망이 더욱 정교해지고, 소리의 차이를 인식하고 처리하는 능력, 더 나아가서 뇌에서 소리를 분석하고 저장하고 재생하는 능력이 향상되면서 음성학적 인식, 목소리 인식, 구문론적 분석 능력 등이 더욱 발전하고 정교화되었다. 이러한 모든 능력들이 음악의 기본이 되는 음고·음색·화음·리듬의 식별과 화음 진행에 대한 인식 능력의 토대가 되었다. 인간이 태어나면서부터 발전시키는 언어 능력의 향상과 더불어 음악을 즐길 수 있는 능력 또한 개발되었던 셈이다.

인간에게 언어 능력은 다른 지능의 발전을 위한 토대가 된다는 점에서 인간성의 핵심적인 요소라고 할 수 있다. 비유와 추론, 이야기와 가치, 논리와 설득, 지식의 전달 등에서 언어와 지능은 긴밀하게 연결되어 뇌의 작용이 분리된 역할을 부여하기에 곤란할 정도로 인접한 기능적 연관성을 갖고 있다. 이러한 요소들을 음악적 형식에 담아내는 다양한 장르의 음악이 역사를 통하여 등장했기 때문에 음악은 언어에 버금가는 정보 전달 매체로서 인간 능력의 탁월성을 잘 드러내는 예술 영역이라고 할 수 있다. 인간 외에 언어를 가진 동물이 없다는 말은 인간 외에 음악을 가진 동물도 없다는 말을 자연스럽게 도출한다.

동물의 수준에서 소리를 인식하는 능력은 주위 환경에서 들려오는 소리를 통하여 위험을 인지하거나 먹이를 발견하는 목적을 달성하는 데 필수적이다. 더 나아가서 다른 개체들과 의사소통을 하는 수준으로까지 소리를 활용하기도 한다. 발성 기관에서 다양한 소리를 내서 위험과 먹이에 관련된 정보를 전달하기도 하고 짝짓기를 위해 짝을 부르기도 한다. 이러한 음향학적 전략이 성공하려면 동물의 귀가 다양한 음색과 음고를 식별할 수 있는 능력을 갖추어야 한다. 특히 새들은 음악을 방불할 정도로 다양한 음색과 음고와 리듬을 활용하여 새마다 고유한 소리를 용도에 따라 다양하게 발성한다는 점에서 그러한 소리를 식별할 수 있는 청각기와 뇌의 기능을 갖고 있다고 판단된다. 이러한 새소리를 정보로 이해할 때 새들은 음색, 음고, 리듬이라는 세 가지 차원을 통하여 일정한 길이의 소리를 내서 다양한 정보를 전달할 수 있는 것으로 보인다. 그렇지만 새들이 내는 소리는 정보 전달 능력 면에서 영장류가

지르는 비명 소리와 다를 바가 없다. 새소리가 다차원의 요소들을 가지고 있지만 새들은 그것들을 분절적인 음운으로 인식하고 각각에 대하여 의미를 부여하는 데 활용하지 못한다. 그렇기 때문에 새소리나 원숭이의 소리는 때로는 복잡한 정보를 전달하는 것처럼 보이지만 단순한 의미 전달 기능밖에 하지 못한다. 그렇기 때문에 그것들의 소리는 사람들이 즐기는 음악처럼 오랜 시간 이어지지 않고 불과 몇 초 동안만 지속되는 경우가 대부분이다.

사람의 경우에는 태아 때부터 이미 자궁 속에서 외부로부터 들려오는 소리를 들을 수 있는 능력이 있기 때문에 외부 소리에 반응한다. 엄마가 배 속의 아기에게 말을 걸고 노래를 들려주는 것을 들으면서 아기는 언어와 음악에 관심을 갖게 된다. 그리하여 세상에 태어난 아기는 일찍부터 언어와 음악에 담긴 변별적 요소들을 인식하고 그러한 요소들의 의미에 관심을 가지면서 언어 능력과 음악에 대한 소양을 개발하게 된다. 생후 몇 개월 안 된 아기도 음악적 메시지를 처리하려는 강한 성향을 갖고 있다. 아기는 음고의 상대적 관계가 유지되면서 선율의 음고가 일제히 같은 비율로 올라가거나 내려간 것을 인식한다. 또한 리듬을 형성하는 음들의 상대적 길이가 유지되면서 템포가 빨라진 것을 인식한다. 아기들이 옥타브, 5도, 4도 등 음정의 차이를 인식한다는 것이 실험을 통하여 밝혀졌다.

이러한 음악의 여러 측면들에 대한 아기의 인지가 변연계의 작동과 관련되면서 음악을 들은 아기에게는 정서 변화가 수반된다. 음악을 듣고 분석하고 지정하고 연주를 하려는 동기가 생존과 직결되지는 않더라도 변연계의 보상을 받아 쾌감을 유발한다면, 이러한 음악적 활동들은 그 아기가 평생토록 음악에 대해 긍정적 반응을 보이도록 한다. 개에게 노래를 불러 주어도 음원에 대해 주의를 끄는 것 말고는 특별한 반응을 끌어낼 수 없지만 아기를 포함하여 사람에게는 음악이 가지고 있는 여러 가지 속성들, 이를테면 대칭성과 규칙성, 반복과 변형이 유발하는 경이감이 변연계에서 정서적 동기를 유발한다.

음악이 대중에게 주는 효과는 가히 폭발적이다. 뛰어난 연설이 청중들의 지식과 목적과 정서를 하나로 통일시킬 수 있듯이 음악은 청중의 감정을 하나로 통일시킬 수 있다. 이러한 효과 때문에 음악은 종교적·정치적·군사적 용도로 광범위하게 활용된다. 이렇게 사람들을 크게 감동시킬 수 있는 음악의 능력은 주로 리듬적 요소에 의해 부여되곤 하는데, 이러한 동화(同化)의 가능성은 음악이 인간의 신체적 리듬과 일치되는 리듬을 모방함으로써 우호적인 정서를 유발하는 것과 관련이 있다. 신체적 리듬과 일치하지 않는 음악은 좋은 감정을 불러일으키기 어렵다.

이렇게 음악이 갖는 보편성이 인정되지만 음악이 문화권마다 특수성을 갖는다는 사실도 인정된다. 언어가 각각의 문화마다 특수성과 다양성을 갖듯이 음악 또한 문화마다 특수성과 다양성을 갖는다. 언어에서 각 단어의 의미 부여는 임의적인 약속이므로 이 기호는 상징적 기호라고 볼 수 있다. 지시적 기호나 도상적 기호가 아니라 상징적 기호라는 점이 외국어 습득을 어렵게 한다. 일일이 단어의 의미를 챙겨서 외워 주어야 하기 때문이다. 그렇지만 한 언어 문화권 안에서 하나의 단어와 의미의 연결은 공통적이어서 하나의 규약으로 통용된다. 음악의 경우에는 모든 인간이 음악을 좋아하고 음악을 재생하지만 장르상 다양성이 더 커서 언어보다 더 활발하게 다양한 장르가 만들어지고 사라진다. 하나의 음악 문화권에서 여러 개의 음악 장르가 통용되지만 창출되고 재생되는 대부분의 음악들은 그 범주 안에 들어가 있다. 특정한 문화권 안에서 통용되는 음악에 특수성이 존재한다는 의미이다. 이는 마치 특정한 문화권 안에서 통용되는 언어가 특수성을 갖는 것과 같다. 그렇지만 언어의 경우에는 하나의 언어 문화권 안에서 여러 개의 언어가 대등하게 소통되는 경우는 드물다. 새로운 음악 장르가 창출되고 수입되어 널리 퍼져 나가는 일은 많지만 이미 언어가 있는데 새로운 언어가 만들어져서 널리 통용되면서 기존의 언어가 사라지는 일은 좀처럼 발생하지 않는다. 외래 언어가 정치적 이유로 기존의 언어를 억압하여 소멸시키고 그 인구 집단의 주된 언어가 된 사례는 많이 볼 수 있지만 자생적으로 발생한 새로운 언어가 기존의 언어를 소멸시키는 사례는 찾아보기 어렵다. 하지만 음악의 경우에는 이런 일이 많이 일어난다. 이런 점에서 음악에서의 창조성은 언어에서의 창조성보다 더 자유로운 측면을 갖는다.

흔히 언어의 경우에 각 개인이 새로운 문장을 스스로 끊임없이 만들어 내고 있어서 창조력이 크다고 말한다. 언어 사용자 각자가 언어를 수동적으로만 받아들이는 것이 아니라 능동적으로 언어를 창조해 내고 있다. 반면 음악의 경우에는 새로운 음악의 창출이 극소수의 작곡가들에게만 한정되어 있는 것으로 보인다. 그런데 이러한 문화적 현상은 현대 사회의 특이한 현상일 가능성이 높다. 과거에 상업화된 음악 상품이 나오기 전, 사람들은 보다 자유롭게 음악을 창조하는 일을 했다는 증거가 있다. 상업화된 음악 상품 중에서 가장 먼저 음악의 창조를 가로막은 것은 악보이다. 악보가 사용된 것은 음악을 기록할 수 있는 길을 열었다는 측면에서 혁명적인 진보였다. 그렇지만 음악을 악보에 기록했을 때에만 음악을 창조한 것으로 인정하게 된 것은 음악의 창조성을 위축시키는 계기가 되었다. 음악이 기록되기 전에는 기억에 의존한 곡의 재현이 일반적이었고 거기에는 늘 즉흥성이 동반되었다. 오늘날 재즈 연주에서 특징적으로 나타나는 즉흥 연주는 그 자체가 창작이며 변형이다. 이것이 음악 연주자가 가질 수 있는 자유였으며 연주의 기량을 마음껏 발휘할 수 있는 길이었다. 과거에 귀에서 귀로 전해지던 음악에서는 이러한 즉흥성이 일반적이어서 연주자는 매번 같은 연주를 하지 않았다. 연주자의 기분과 생각에 따라서 늘 변형이 이루어졌고 청취자들은 그것을 당연한 것으로 받아들였다. 보다 보편적으로 사람들은 노래를 불렀고 자신의 독창성을 가미하여 노래를 변형하였다. 이는 마치 각자가 문법의 범위 안에서 자신의 의사에 따라 문장을 자유롭게 변형하는 것과 마찬가지이다.

언어와 음악이 창조성의 측면에서 다른 길을 가게 된 데에는 기록 방식의 차이가 크게 작용하였다. 문자의 발명은 언어적 발화를 기록할 수 있게 해 주었다. 고대 사회에 이미 인류는 음성적 기호를 상징적 기호로 바꾸어 사물에 고정시키는 방식을 고안함으로써 언어 생활에 대변혁을 이루었다. 여러 문화권에서 문자가 자생적으로 발전함으로써 기호 체계의 다양성이 커지게 되었다. 처음에는 소수 엘리트의 전유물이었던 문자가 대중화되면서 문자는 인간의 보편적 언어 생활의 일부가 되었다. 반면에 음악의 기록 수단인 악보는 언어의 기록 수단만큼 일찍이 여러 문화권에서 발명되지 않았다. 음악은 서양에서는 중세에 이르기까지, 그리고 다른 문화권에서는 근대까지도, 기록되지 않은 채 기억에 의지하여 전승되는 형태를 띠었다. 서양에서는 14세기에 이르러서야 제대로 음악을 기록할 수 있는 수단인 기보법이 확정되었고 다른 문화권에서는 더 늦거나 아예 그런 기술을 개발하지도 않았기에 기보법은 보편적인 음악 기록 수단이 되지 못했다. 그 결과로 오늘날 대부분의 문화권에서 서양의 방식을 따라 악보를 작성한다. 이런 상황은 언어를 기록하는 수단인 문자가 수백 가지인 것과 매우 대조적이다. 이렇게 보면 음악은 여러 문화권에서 기보법이 아니라 기억과 구전에 의해 발전한 셈이다. 그러한 까닭에 음악 장르의 변화는 언어 체계의 변화에 비하여 훨씬 자유로웠고, 장르의 창조를 통하여 음악의 창조성이 자유롭게 발휘되었을 것이다.

예술의 견지에서 보면 언어 예술로서 시나 소설 등은 전문가들의 창작 영역이 되어 있다. 시나 소설은 기억에 의해 전승되지 않고 문자의 형태로 고정된 작품이 전승되는 방식이 취해진다. 이런 점은 음악이 악보의 형태로 작품을 전승하고 있는 것과 마찬가지이다. 오늘날 음악은 언어 예술이 가지고 있지 않은 다른 전승 방법을 갖고 있으니 그것은 녹음 및 녹화이다. 녹음된 음악은 악보가 담아내지 못하는 구체적인 소리를 담아낼 수 있다는 점에서 더욱 효과적이다. 심지어 녹화 영상은 연주자나 지휘자의 연주 행위 자체까지 예술의 일부로 편입시키고 있고, 뮤직비디오는 춤과 다른 영상이 어우러진 새로운 장르의 '음악'을 창출한 지 오래이다. 이런 취지에서 오늘날 악보를 소설책이나 시집을 사 보듯이 읽으면서 음악을 감상하는 사람은 거의 없다. 기록 수단으로서 악보와 문자는 인간에게 다른 의미로 다가온다. 악보는 아무나 읽고 쓸 수 있는 것이 아니지만 문자는 누구나 쓰고 읽을 수 있는 수단이 되었다. 과거에 소수만이 문자를 읽고 쓰던 시대가 있었던 것을 생각하면 미래에는 아무나 악보를 읽고 쓸 수 있는 시대가 올지도 모르겠다. 그런 시대가 오면 악보가 몇 백만 부씩 팔리고 사람들이 집에 앉아서 악보를 읽으며 음악을 감상하고 자신이 쓴 악보로 연애편

지를 보내게 될지도 모르겠다.

언어와 음악이 다른 길을 가게 된 것은 음악이 의사소통 수단으로서의 가치를 상실하고 예술로서 자리매김하게 된 것과 달리, 언어는 예술을 하나의 영역으로 가지고 있으면서도 일상적인 소통 수단으로서의 가치를 계속 유지하고 있기 때문이라고 볼 수 있다. 예술로서 음악은 청각적 자극에서 미적 가치를 추구한다는 점에서 보편성을 갖고 있지만, 다른 예술이 그러하듯이 집단의 기억과 경험에 따라 다른 미적 기준을 가지고 다양한 예술적 양식들을 창출한다는 점에서 특수성을 갖게 된다.

우리 주변에서 보면 사람들 사이에 음악적 능력에서 많은 차이가 보인다. 특히 음치 또는 실음악증(amusia)에 해당하는 사람들이 있는데, 그들은 음악을 감각하는 면에서 평균적 수준에 이르지 못한다. 그들은 청각 능력에 이상이 없음에도 비언어적 음향으로부터 유의미한 정보를 끌어내는 능력이 없다. 소리의 중첩에 의해 유발되는 화음과 음고의 차별성이 가져오는 정서적 차이를 경험하지 못한다. 조성과 리듬의 변화를 들을 수 있는 경우에도 그것을 제대로 해석하여 변연계에서 정서적 반응을 유발하지 못한다. 음치라고 해도 우반구의 음악 처리 부위에 생긴 외상에 의해 야기되는 심각한 실음악증부터, 다른 능력은 모두 정상이지만 정확한 음으로 노래를 부르지 못하는 가벼운 음치까지 다양하다. 음악을 만들고 감상하고 즐길 수 있는 능력이 많은 사람들에게 공유되는 것

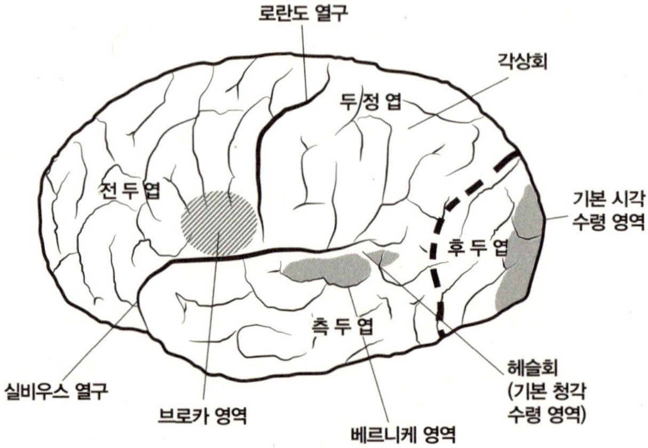

그림 7-1 좌반구의 구조

이라면 이러한 능력을 갖추지 못한 사람이 예외적인 존재라고 말할 수 있을 텐데, 음악과 관련한 능력이 인간의 생존에 필수적인 능력이 아니라는 점에서 음악을 누리는 능력이 진화적으로 선택될 이유는 그렇게 커 보이지 않는다. 그럼에도 어떤 연유에서인가 음악을 향유하는 능력은 보편성을 가질 정도로 많은 사람들이 갖고 있다. 이는 음악 향유 능력이 언어 능력에서 파생된 것이라는 점을 받아들인다면 어렵지 않게 이해된다.

언어와 음악의 연관성은 실음악증과 실어증이 병행되어 나타난다는 것에서 더 지지받는다. 음악이 수용적이라는 점에서 다른 사람의 말을 알아듣지 못하는 베르니케 실어증은 여러 번 들은 음악이 무슨 곡인지를 알지 못하는 증세와 연관될 것이다. 노래를 부르지 못하는 증세는 발성 기관에는 이상이 없지만 뇌의 브로카 영역이 손상을 입어 말을 하지 못하는 브로카 실어증과 병행되는 경우가 있다. 악보를 그리지 못 하는 증세는 받아쓰기를 못 하는 받아쓰기 언어 상실증에 병행되기도 한다. 악보를 읽지 못하는 증세는 글을 읽지 못하는 난독증에 병행되어 나타나곤 한다. 익숙한 곡조를 알아맞히지 못하는 증세는 사물의 이름을 대지 못하는 명칭 언어 상실증에 병행되곤 한다. 신체 기관에 이상이 없는데 악기를 연주하지 못하는 증세는 행위 상실증에 병행되곤 한다.[14]

실음악증과 실어증 사이의 연관은 이 두 장애가 생리학적·해부학적 기반을 공유하고 있음을 의미하지는 않는다. 말과 음악에 대한 역할 할당은 더 큰 효율을 이루기 위하여 독립적인 신경 작용을 유발할 것이다. 임상 사례들의 대부분은 실음악증과 실어증 중 어느 한쪽의 관점에서 진단받았는데 그 사이에 연관이 발견되는 경우가 많았다. 실음악증의 경우에 실어증도 함께 갖는 사례들이 그 반대의 사례보다 많았다. 그렇지만 두 증세가 늘 함께 나타나는 것은 아니다. 중추 신경계가 진화하면서 특수한 역할을 담당하는 신경 집합이 출현했고 이 두 기능은 어느 정도의 공유점과 독립성을 함께 갖게 된 것으로 보인다. 전문 바이올린 연주자가 뇌 손상을 입었을 때 실어증과 실음악증 증세를 나타내는 것은 언어와 음

---

14 Diana Deutsch, (ed.) *The Psychology of Music*(London: Academic Press, 1999), pp. 655-667.

악의 기능이 긴밀하게 연결되어 있음을 시사한다. 좀 더 자세히 들여다보면 복잡한 언어를 이해하는 언어적 능력과, 친숙하지 않은 선율 정보를 받아들이는 능력은 서로 연결되어 있지만 이보다 낮은 수준의 기능, 즉 하나의 음의 음고, 음색, 화음 및 짧은 리듬을 파악하는 일은 또 다른 모듈에서 처리하기 위하여 분리되어 있는 것으로 드러난다. 좌반구 측두엽에 광범위한 손상을 입은 어떤 환자가 말을 알아듣지 못하는 베르니케 실어증을 보였는데, 다른 사람이 연주하는 음악의 사소한 실수를 찾아낼 수 있었고 악보를 읽고 쓰는 능력은 가지고 있었으나, 음악 작품의 제목을 말할 수는 없었다. 여기에서도 이름을 대고 식별을 하는 고차원의 기능은 손상을 입었으나 다른 음악의 지각 기능은 손상을 입지 않은 것을 확인할 수 있다. 악곡의 이름을 대는 것이 불가능한 음악적 명칭 실어증이 다른 음악적 기능과 연관성이 없다는 사실은 종종 치매 환자에게서도 발견된다. 알츠하이머 치매에 걸린 여성이 심각한 명칭 실어증과 수용성 실어증 증세를 보이면서도 피아노로 다양한 곡을 연주할 수 있었고 새로운 악곡의 악보를 연습 없이 즉석에서, 그것도 처음 접하는 악기인 실로폰으로 연주할 수 있었다. 이성적 사고력에는 손상을 입었지만 음악적 기능은 보존되어 있었던 것이다. 또 다른 음악학자이자 음악 편집자는 치매에 걸려 기억력을 잃어 작곡가의 이름과 잘 알려진 작품의 제목을 말할 수 없게 되었지만 잘 알고 있던 곡의 첫 마디를 들려주자 그 곡을 피아노로 연주할 수 있었다. 그는 이 상태에서도 사물의 이름은 한동안 잘 말할 수 있었다. 이는 언어적 사고 기능과 음악적 사고 기능이 뇌 속에서 연관되어 있기는 하나 어느 정도는 분리되어 있음을 보여 준다.

실음악증에 걸린 음악가인 라벨(Maurice Ravel)은 자신의 곡을 연주하면서 피아노 조율이 미세하게 잘못된 것을 알아차렸고, 남의 노래를 듣고 그것을 피아노로 똑같이 따라 연주할 수 있었지만 곡의 이름을 말하는 것이나 계명으로 노래 부르는 것은 어려워했다. 악보를 보고 연습 없이 연주하는 것은 거의 불가능했지만 음계는 능숙하게 칠 수 있었다. 그는 기억한 악보를 연주하는 것은 잘했지만 연주되는 곡을 듣고 악보로 옮기는 것은 매우 어려워했다. 악보를 베끼는 것은 거의 불가능했지만 자신의 곡을 기억만으로 되살려 적는 것은 훨씬 잘할 수 있었다. 첫 소절을 들려주면 자신의 곡을 노래 부를 수 있었다. 그는 알츠하이머성 조로기 치매를 앓은 것으로 보이는데, 음악적 명칭 실어증과 사전적 명칭 실어증이 두드러진 증세였다. 난독증과 필기 불능증이 언어적으로나 음악적으로 심각했다. 그렇지만 음악에 대한 청각적 인지 능력은 보존되어 있었다. 다른 환자의 경우에도 악보를 읽지도 악보를 적지도 못했지만 알고 있던 노래를 정확한 가사와 음으로 부르는 것은 가능했다. 이렇게 친숙한 행동은 잘하지만 새로운 행동은 잘 하지 못하는 증세는 청각과 관련되지 않은 다른 신경학적 장애에서도 종종 나타난다.

측면 대뇌 피질의 수축을 경험하는 한 환자는 일상생활에서 사물의 명칭을 말할 수 없었지만 32까지는 큰 소리로 셀 수 있었다. 그녀는 어떤 친숙한 곡의 가사는 몰랐지만 정확한 리듬과 정확한 음고로 노래 부를 수는 있었다. 이것은 그녀가 손상을 입은 부위가 좌반구이기에 언어적 기능은 손상을 입었지만 우반구에서 담당하는 음악적 기능에는 별문제가 없기 때문이라고 설명되었다. 브로카 영역이 손상을 입은 한 사람은 표현적 실어증을 경험하면서도 유명한 여러 교향곡의 테마를 흥얼거릴 수 있었고 여러 곡의 노래를 가사 없이 정상적인 리듬과 음의 고저로 부를 수 있었다.

실험에 따라 형태 지각과 공간 지각이 서로 다른 시각의 측면이라는 것이 밝혀졌다. 이 사실은 소리에 있어서도 악보 읽기(music reading)는 단일한 해부학적 층위에 의지하지 않고 그것의 다양한 성분들이 전적으로 책 읽기와 겹치지는 않는다는 것을 함축한다. 그렇지만 좌반구의 병변이 음악에서나 언어에서나 모두 실독증을 유발한다는 것은 이 두 영역에서 좌반구가 중요하다는 사실을 보여 준다. 특히 좌반구의 정수리 아래쪽에 있는 변두리 상회(supramarginal gyrus)가 문자를 소리로, 또는 소리를 문자로 대응시키는 데 중심적인 역할을 하는 것으로 알려졌다.

이러한 사례들의 연구로부터 드러나는 사실은 음악적 기능은 언어적 기능에 비하여 국소화가 덜 되어 있다는 것이다. 언어적 기능이 좌반구에 집중적으로 국소화되어 있는 반면에 음악적 기능은 좌반구와 우반구에 분산되어 분포하는 경향을 띠고 있다. 음악에서 언어적 요소와 긴밀성을 갖는 요소들은 좌반구에서 지배되는 경우가 많지만 음악에서 정서적 반응을 요하는 경우에는 네트워크에 중심을 둔 과정이 우세하게 되면서 우반구에도 상당 부분 그 역할이 실리는 것을 확인할 수 있다. 우반구 전두엽의 손상이나 우반구 전두엽 절제술이 음악을 인지하는 능력에 장애를 초래하며, 전방 측두엽 절제술은 우반구든 좌반구든 새로운 곡을 배우는 데 장애를 초래한다는 보고가 있다. 또한 높은 수준에서 고난도의 음악 활동 과제가 주어졌을 경우에 좌반구 손상보다는 우반구 손상의 경우가 과제 수행률이 더 많이 떨어진다는 보고가 있다. 우반구 측두엽 절제술을 받은 피험자는 좌반구 측두엽 절제술을 받은 피험자와 달리 선율을 제시했을 때 그것을 기억하는 능력에 침해를 받았다. 우반구는 선율의 음조 곡선(contour)을 제시하는 데 결정적인 역할을 하는 반면에, 좌반구는 특정한 음정과 음고를 인식하는 데 결정적인 역할을 한다.

5. 음악과 정서

사람이 왜 음악을 듣는 것을 즐기는지는 오랫동안 많은 사람들의 관심을 끌었다. 이것은 왜 모든 문화권의 사람들이 음악을 만들어 내고 음악을 연주하고 음악을 듣고자 하는가에 대한 근본적 이유에 해당할 것이다. 사람들은 음악을 들으면서 어떤 때는 기쁨을, 어떤 때는 슬픔을, 어떤 때는 행복감을, 어떤 때는 비장함을 느끼는데, 그런 일이 어떻게 가능한 것인가도 오랫동안 사람들의 궁금증을 불러일으켜 왔다. 사람들이 즐거운 음악을 즐기는 것은 이해되는데, 슬픈 음악을 즐기는 이유는 무엇일까? 슬픈 음악을 들을 때 마음이 위로받는 것은 어떤 이유일까? 슬픈 음악은 다른 사람도 자신과 같은 슬픈 감정을 느꼈음을 깨닫게 한다. 그런 슬픈 음악을 연주하는 사람은 타인이 자신과 같은 슬픔을 이해하고 자신의 슬픔에 동참해 줄 것이라는 기대를 갖게 된다. 천만 마디 위로의 말보다 슬픈 음악 한 곡이 더 깊은 위로의 감정을 전달하는 것은 이 때문이다. 그런 점에서 흥겨운 음악도 마찬가지이다. 흥겨운 음악을 듣고 자신이 즐거운 감정을 다른 사람도 느낄 것이라 생각함으로써 공감을 통한 기쁨의 증가를 가져온다. 슬픔은 나누면 반이 되고 기쁨은 나누면 배가 된다. 음악을 통하여 우리는 집단적인 감정의 공유를 체험하게 되는 것이다. 그런 점에서 음악은 언어보다 더 효과적인 정보 전달 수단이다. 미술·건축·문학과 같은 다른 예술에서 이와 방불한 정서 동화 능력을 발견하기는 어려울 것이다.

객관적인 정보를 전달하는 면에서는 말이 음악보다 탁월하지만 정서를 전달하는 면에서는 음악이 말보다 더 탁월하다. 우리는 때때로 격렬한 감정을 느끼지만 말로는 그것을 표현할 수 없다는 것을 종종 느낀다. 반면에 자신의 마음을 표현해 줄 수 있는 음악을 찾을 수 있다. 음악을 들을 때 유발되는 강한 감정을 개인만 느끼고 마는 것이 아니라 다른 사람도 함께 느끼면서 공감대를 형성하는 것을 본다. 왜 음악은 이렇게 집단적인 정서를 유발하고 공유하게 하는 능력을 갖고 있는 것일까? 이렇게 집단적 정서를 유발하거나 전달할 수 있는 능력 때문에 오늘날 음악은 사회적으로 큰 가치를 부여받는다. 국가, 군가, 찬송가, 장송곡, 종묘 제례악 등 다양한 의식에 활용되는 음악들은 말보다 강력하게 사람들의 정서를 하나로 모으고 동일한 행동을 향하여 한마음으로 행동할 수 있게 만들어 준다. 이러한 음악이 갖는 사회성은 음악의 기원과 관련하여 인간의 집단적 행동에 연원을 돌리게 하는 강력한 근거가 된다.

사람은 나무 위에서 살다가 먹을 것을 찾아서 육상으로 내려온 이래로 사회생활을 통하여 맹수와 각종 위험을 피하고 사냥의 이익을 얻을 수 있었기에 사람의 심리 속에는 집단행동 속에서 안정감을 얻는 성향이 진화적으로 획득되었을 것이다. 단체 생활이 생존을 위하여 필수적이었다면 원활한 단체 생활을 위한 의사소통 기구가 발달하게 된다. 언어와 더불어 음악이 정보의 소통뿐 아니라 집단행동을 위한 신호로서 기능을 하게 되었을 것이다. 또한 맹수를 겁주기 위한 도구는 뿔피리나 나무통이나 나무막대를 두드려 큰 소리를 내는 것이 일반적인 방식이었을 것을 생각하면 어떤 방식으로 소리를 내는 것이 효과적일지에 대한 많은 연구가 이루어졌을 것이다. 새들도 포식자가 다가왔을 때 먼저 발견한 개체가 경고음을 발성하며 날아오르면 다른 새들도 경고음을 발성하며 날아오름으로써 집단을 보존하는 방식으로 행동하는 성향을 진화를 통해 발전시켰음을 확인할 수 있다. 그런 점에서 인간 집단에게 생존을 위한 소리 내기는 여러 가지 측면에서 언어와 노래를 발전시켰을 것임을 추론할 수 있다. 또한 원시 사회에 대한 인류학적 연구를 통하여 구석기 시대부터 인간 사회에서 제의와 의식 속에서 음악과 무용이 필수적인 요소로 자리 잡았음을 확인할 수 있다. 음악이 인간의 동작에서 얻는 리듬을 활용한다는 점에서 춤과 연관되고 춤과 음악은 인간의 일치된 행동을 훈련하고 통제하는 용도로 요긴하게 사용되었음을 알 수 있다. 이러한 성향은 오늘날도 대중음악 공연장에서 음악에 열광하는 대중의 모습이나 정치 및 종교 집회나 군대에서 음악이 집단에 대한 충성심을 자극하고 일관된 행동을 통하여 단합에서 오는 만족감을 유발하고 있음을 확인할 수 있다. 이러한 사회적 조건 형성은 인간의 생존과 직접 연관되어 진화되었을 것이라는 점에서 음악이 정서적 자극에서 차지하는 핵심 기능이 인간의 생존에 유리한 요소였음을 재확인할 수 있다.

제8장

우리는 왜 호모 무지쿠스인가?

HOMO MUSICUS

8

우리는 왜 호모 무지쿠스인가?

사람이 호모 무지쿠스라고 불릴 수 있는 근거는 다른 동물과 다르게 음악을 만들고 그것을 감상하고 즐길 줄 알기 때문이다. 이러한 능력을 갖기 위해서는 각각의 음악을 특징짓는 개별적인 특성들인 음색, 음고, 음량, 리듬, 화성, 구조 등에 대한 인지가 가능하다는 것이 전제되어야 한다. 동물도 소리를 이용해서 의미나 감정을 전달하지만 그것은 음악이라고 할 수 없다. 그들의 소리는 본능에 따라 정해진 방식으로 소리를 발생시키고 그것을 신호로 받아들이는 기작이 있기 때문에 제 기능을 다할 뿐이다. 하지만 사람에게 음악은 무한정으로 다르게 창작되는 문화적 산물이다. 음악은 음고, 음량, 음색, 음가에 따라 다른 변별적 특성을 갖는 소리를 다양한 방식으로 배열하여 의미와 정서를 표현하고 전달한다. 언어가 모든 인류에게 공통적으로 존재하는 음향학적 의사소통 수단이면서도 문화마다 무한정의 다양성을 갖고 계속 새롭게 변형되고 있듯이 음악은 모든 인류에게 공통적으로 존재하는 예술이면서 문화마다 무한정의 다양성을 갖고 계속 새롭게 창작되고 변형되고 있는 것이다. 음악의 보편성과 특수성의 기원을 물리적·생리적·심리적·신경과학적 측면에서 해명하려는 다양한 노력이 전개되어 왔다. 이 책에서는 그러한 노력을 대중이 이해할 수 있는 말로 소개하려고 노력하였다. 그러한 노력이 쉽게 성공을 거두기는 어려운 측면이 있으나 그러한 시도는 오늘날도 전 세계적으로 여전히 크게 사랑을 받는 예술로서 음악의 본성을 이해하고 더 나아가서 인간 존재에 대한 심층적인 이해를 도모한다는 점에서 계속되어야 할 탐구의 기반을 닦는 일이 될 것이다.

사람이 어떻게 음악의 변별적 특성을 인지하게 되는지를 이해하는 기초는 귀의 구조와 기능에 대한 이해에서 출발한다. 귀에서 청각을 담당하는 핵심적인 기관은 달팽이관이다. 달팽이관의 기저막은 가로 섬유들이 림프액의 진동을 진동수별로 공명에 의해 감지하는 방식으로 음악 소리를 부분음의 진동수별로 나누어서 신경 신호로 바꾸는 역할을 한다. 악음 속의 부분음의 스펙트럼이 기저막 상에 존재하는 공명 구역에서 공간상의 분포로 전환되어 음고의 식별이 이루어진다. 이때 림프액의 압력 진동의 부분음별 진폭이 신호의 강약으로 전환되어 청각 신경을 통해 전해지는 전기신호의 강약에 따라 뇌의 청각 영역에서 음량의 지각도 이루어진다. 또한 공간상의 분포에 따라 각기 감지된 부분음은 청각 신경을 통해 뇌의 청각 영역으로 전달되어 여러 부분음의 상대적 세기를 종합하여 소리 스펙트럼을 재건함으로써 음색의 인식도 이루어진다.

1차 맥놀이와 2차 맥놀이는 각각 귀에서 음파의 중첩이 일어나느냐, 아니면 뇌에서 상이한 진동수의 음파에서 기인한 신호로부터 추론이 이루어지느냐에 따라 맥놀이의 인식 방식에 차이가 있다. 기본음 추적 과정에 대한 고찰을 통해서도 사람이 듣는 과정은 귀의 달팽이관에서 물리적 진동의 방식이 어떻게 구현되느냐에 달려 있지 않고 뇌의 전두엽 피질에서 이루어지는 사고 과정의 개입이 결정적임을 알 수 있다. 호모 무지쿠스가 뇌로 소리를 듣는다는 사실이 분명해지는 것이다. 0.1초 이상의 시간 규모에서 음악의 윤곽을 파악하고 화성의 진행을 파악하고자 한다면 이것은 뇌의 청각 영역에 국한된 과정이 아니라 전전두엽 피질이 개입하는 높은 수준의 인식 및 사고 과정이 개입되어야 하는 것임을 확인할 수 있다.

뉴런은 정보를 처리하는 메커니즘을 가지고 있어서 수상돌기에서 받아들인 입력 정보를 종합하여 축삭돌기를 통하여 내보낸다. 뉴런 내부에서는 전기적 신호에 의해 정보가 전달되지만 뉴런과 뉴런을 연결하는 부위인 시냅스에서는 신경 전달 물질을 통하여 정보 전달이 이루어진다. 뉴런과 뉴런은 1:1로만 연결되는 것이 아니라 통상적으로 다:다의 시냅스 연결을 가진다. 뉴런과 뉴런 사이의 연결을 위해 분비되고 수용되는 신경 전달 물질이 갖는 공간적·시간적 분포 양상은 일시적인 지각상의 특색을 만들어 내고, 보다 장기적으로 뉴런과 뉴런 사이의 단백질 구조물의 변화에 따라 생성되는 시냅스 구조는 영구적인 기억, 연상, 익숙한 동작과 같은 안정된 신경 작용의 토대를 이룬다. 요즈음은 신경 구조의 차원에서 시간적 규모를 달리하며 변화되고 감지되는 음악의 여러 요소에 대한 처리 과정을 이해하려는 노력이 이루어지고 있다.

두 개 이상의 복합음이 중첩되었을 때 사람의 뇌는 각각의 복합음의 음고와 음색을 식별할 수 있는 능력이 있다. 언어에서 '칵테일 파티 효과'라고 불리는 청각적 집중이 음악에 대해서도 일어난다고 할 수 있다. 또한 음악에서 음색을 식별하는 데에는 여러 가지 단서들이 활용되는데, 주로 시작할 때의 불안정한 음이나 의도적 또는 무의식적으로 만들어지는 음고나 세기의 변동에 의해 개별적 음색을 인식하게 된다. 또한 사람은 음고가 상이한 두 음이 함께 울리면 협화나 불협화의 느낌을 받는다. 협화도는 구성하는 음들의 진동수가 단순한 비율을 이룰 때 크다는 것을 피타고라스부터 인식하였는데, 구체적으로 어떤 비율이 단순한 것인가에 대해서는 시대마다 의견이 달라졌다. 이에 대한 해명은 19세기 들어와 악음이 단순음으로 이루어진 부분음들의 합임이 밝혀지면서 부분음 사이의 맥놀이가 불협화를 일으키는 원인이라는 인식에서 이루어질 수 있었다. 현악기와 관악기의 음은 기본음 진동수의 자연수 배의 진동수를 갖는 배음(부분음)들의 합으로 구성되어 있다. 이러한 배음렬에서 가장 간단한 음정이 1:2의 비를 갖는 옥타브인데,

옥타브는 특별하여 옥타브 이상의 음정에서 한쪽 음을 진동수를 두 배로 하거나 2분의 1배로 함으로써 두 음의 음정을 옥타브 이내로 바꾸었을 때 협화도는 동일하다고 인식된다. 이러한 인식은 옥타브 동등성이 인간에게 보편적임을 알게 해 준다. 옥타브를 이렇게 인식하는 것은 사람의 청각계가 정보를 처리하는 독특한 방식 때문이라고 할 수 있다.

사람이 음악을 감상하기 위해서는 기억 능력이 중심적인 역할을 한다. 음악을 들으면서 그 소리가 무슨 악기인지를 기억하기도 하고 음악의 앞부분의 선율이나 화성이 뒷부분의 선율이나 화성과 어떻게 유사하거나 다른지 비교하기도 한다. 어떤 곡 자체가 과거의 어떤 경험을 떠올리게 하는 연상 작용도 활발하게 일어난다. 이러한 모든 과정이 뭉쳐져서 가슴이 뭉클해지기도 하고 눈물이 흘러나오기도 하는 것이다. 이러한 과정에 대하여 뇌 과학은 하나하나 새로운 사실을 밝혀내고 있다. fMRI나 PET처럼 실시간으로 작동하는 뇌를 촬영할 수 있는 기술이 개발되면서 사람의 생각과 뇌의 특정 부위의 작동에 대한 이해가 심화되고 있다. 앞으로 기술의 발전은 세부적인 뇌의 구역에 따라 특정 시간에 다른 정도로 활성화되는 신경 세포의 활동을 더욱 미세하게 측정할 수 있게 해 줄 것이고, 그 결과 뇌의 작용이 음악 감상에 어떻게 관여하는지가 더욱 자세히 밝혀지게 될 것이다.

뇌의 작용과 관련하여서는 좌우 반구의 기능적 분화에 대한 이해도 뇌 차원에서 사람이 음악을 어떻게 감상하게 되는지를 이해하는 데 한몫을 하고 있다. 언어 기능과 관련하여 좌반구와 우반구에 기능적 분화가 이루어져 있다. 대부분의 사람에게 주요 반구가 되는 좌반구의 측두엽은 언어를 이해하고 언어를 구사하는 데 중심이 된다는 사실이 알려져 있다. 이에 따라 음성적 정보를 전달하는 음악도 반구의 기능이 측위화되는 데 핵심적인 기능을 할 것이라는 추측이 가능하다. 그렇지만 음악에서 가사 부분의 창작, 전달, 재생은 그 언어적 본질로 인하여 좌반구에 측위화되어 있지만 음고, 음정, 화음, 선율 등의 필수적인 소리의 특성에 대한 인식은 부수적인 반구인 우반구에서 주로 담당하고 있음이 드러났다. 소리 차원을 뛰어넘어 화음의 진행과 곡 전체의 구조와 관련된 이해와 기억은 좀 더 고차원의 사고 기능에 관련되기 때문에 전두엽의 활성화가 좌우 측두엽의 활성화와 함께 이루어져야 한다는 것이 알려졌다. 이에 따라 음악 감상은 좌우 반구의 공조가 긴밀하게 이루어짐으로써 가능하다는 것이 분명해지고 있다. 이는 실음악증과 실어증의 관련성에 대한 많은 연구를 통해서도 음악의 인지와 관련하여 좌우 반구의 기능상의 분화와 공조에 대한 이해가 심화되고 있다.

음악과 관련한 인간의 특별한 능력인 협화/불협화에 대한 인식 능력은 모든 문화권에서 공통적으로 인정되는 것으로, 협화/불협화는 오래전부터 음악을 만드는 데 활발하게 활용되어 왔다. 현대인은 불협화를 기피하려는 태도에서 벗어나면서 그 어느 때보다 불협화음을 적극적으로 이용하고 있다. 음악에서 긴장과 이완을 통한 감정의 유발이 협화/불협화와 관련되어 있음은 주지의 사실이다. 그러므로 음악의 화성은 협화/불협화에 대한 인지에 토대를 두고 있는 것이다. 이에 대한 과학적 이해는 17세기 소리 과학의 등장 이후 계속 심화되었다. 17세기에 진동수와 음고의 관계가 확정되고 부분음이 발견되자 18세기에 소뵈르와 라모에 의해 이에 토대를 둔 화음 이론이 구축되었고, 19세기에 이르러 헬름홀츠는 조합음에 대한 이해를 추가하여 맥놀이 진동수에서 거칠기를 찾는 방식으로 협화/불협화를 과학적으로 이해하고자 하였다. 음악에서 널리 이용하는 주요 3화음에서 발견되는 협화 음정의 협화성은 사람에게 듣기 좋은 화음은 수학적 원리 위에서 해명이 가능하다는 것을 보여 준다.

이러한 수학적 관계를, 음을 구성하는 배음들의 배치와 그것들 사이에서 발생하는 조합음이 만들어 내는 상호작용을 통해 해명하려고 한 사람이 헬름홀츠였다. 헬름홀츠는 배음과 조합음 간에 발생하는 맥놀이 진동수가 특수한 값에서 가장 큰 불쾌감을 만들어 낸다는 생각했고, 이에 따라 불협화가 발생하기 쉬운 진동수의 비를 수학적 계산으로부터 유도하여 불협화 곡선을 그릴 수 있었다. 이를 통해 왜 전통적인 옥타브, 5도, 4도, 장3도, 단3도 등의 음정이 협화 음정을 발생시키는지를 해명할 수 있었다. 헬름홀츠의 이론은 오늘날 컴퓨터 음악을 만드는 데에도 기본적인 원리로 채용되고 있다. 그렇지만 뇌 과학의 차원에서 아직 협화/불협화에 대한 상이한 인식이 어떻게 가능한지는 알아내지 못하고 있다. 이에 대한 심화된 연구가 기대되고 있다.

우리는 좋은 음악을 듣기 위하여 연주회를 찾는다. 콘서트홀은 현장감 있는 음악을 제공할 수 있도록 설계되어 있다. 듣기 좋은 음악은 잔향 시간이 적절하여 앞뒤의 음들이 어우러지면서 아름다운 화음을 만들어 낸다. 잔향 시간은 공간의 크기와 면들의 재질과 상태에 따라 달라진다. 오늘날은 모형이나 컴퓨터 시뮬레이션을 통하여 잔향 시간을 최적화할 방안들이 과학적으로 강구되고 있다. 또한 녹음되어 재생되는 음악도 이러한 잔향 시간이 최적인 상태로 컴퓨터로 조절되고, 특히 입체 음향을 만들어 내기 위하여 여러 대의 마이크를 사용하여 녹음하는 기술이 활용되고 있다. 사람은 귀가 두 개여서 세기차나 위상차에 의해 소리의 방향이나 거리를 알아차릴 수 있으므로 이러한 지식을 활용하면 재생하거나 창조하는 음악을 현장감 있는 입체 음향으로 만들어 낼 수 있다.

음악이 사람들의 삶에서 실제적으로 유익을 끼칠 수 있는 대표적인 사례로 음악 치료를 들 수 있다. 음악의 치료 효과는 인간의 본성을 이해할 수 있는 장을 제공한다. 음악이 질병을 치료하는 신비한 힘이 있다는 사실은 고대부터 인식되었다. 특별히 인간의 정신적 상태와 정서를 변화시킬 수 있는 힘 때문에 음악은 종교,

의례, 사기 진작, 사회 통합 등 다양한 용도에서 활용되었다. 사람의 신체가 정신과 불가분의 관계라는 사실이 오늘날 과학적으로 검증되어 있듯이 음악은 정신의 치료를 넘어 신체적인 문제까지도 해결하는 데 활용되고 있다. 인간의 몸의 움직임이란 무용이나 춤에서 나타나듯이 음악적 리듬과 긴밀하게 맞닿아 있기에 음악의 출현은 무용이나 춤의 출현과 동시적인 현상이었다. 음악은 인간의 행동에서 유발되고 음악은 인간의 행동을 제어한다. 이에 따라 음악은 인간의 정신과 신체에 다각적으로 영향을 미친다는 것을 알 수 있다. 다만 근원적으로 음악이 어떻게 사람의 정신과 신체에 작용하여 변화를 일으킬 수 있는지는 온전히 이해되지 못하고 있다. 이는 최근에 발전하고 있는 뇌 과학의 영역으로, 사람의 귀로 들어온 소리가 뇌에서 어떻게 작용하여 정서 변화를 유발하고 신경에 어떠한 작용을 하고 있는지 더 깊이 있게 이해하기 위한 노력이 가속화되고 있다. 인간의 뇌를 좌우가 다르게 만든 원인이 된 언어와 마찬가지로 음악도 청각적 자극에서 시발된다는 점에서 음악에 대한 뇌의 작용을 이해하려는 노력은 결국 인간의 본성 자체를 이해하는 것과 일맥상통한다. 호모 무지쿠스에 대한 이해는 곧 인간의 본성을 알아 가는 큰 일보를 내딛는 것이다.

사람이 음악을 감상하면서 눈물을 흘리거나 비장한 각오를 되새기는 등 정서적 공감을 경험하는 것은 변연계에서 담당하는 2진 감정 발현 체계에 따라 사고를 담당하는 대뇌 피질이 반응함으로써 이루어진다. 대뇌 피질과 변연계의 상호작용은 논리적·추론적 사고만으로 사람의 인격이 구성되지 않고 감정적 반응이 여러 차례의 경험을 통하여 패턴화되어 습관적으로 반복되는 반응 체계를 형성함으로써 사람마다 독특한 개성이 형성되는 과정을 이해하게 해 준다. 이러한 사실로부터 로봇은 음악을 만드는 것을 논리적으로 배워서 흉내 낼 수는 있을지언정 사람처럼 음악을 만들거나 재현하거나 감상하는 것을 즐길 수는 없다는 것을 이해할 수 있다.

인간은 누구나 청각적 자극을 향유한다는 점에서 음악은 모든 인간에게서 보편적으로 발견되는 예술이지만 집단의 경험과 기억에 따라 상이한 미적 가치가 수립됨으로써 문화권마다 특수성을 갖게 된다. 인간이 지상에서 생활하기 위한 수단으로서 집단생활이 유리했다면 집단행동을 효과적으로 수행하기 위한 수단 또한 중요한 생존 수단이 되었을 것인데 거기에서 음악이 한몫을 했다고 보는 것이 설득력 있어 보인다. 집단적 행동을 훈련하고 통제하는 수단으로서 춤과 음악은 인간의 동작에서 반복되는 리듬을 활용하는 형태로 발전하였다. 그리하여 사람은 집단적 심리를 강화하는 음악에 대하여 우호적 감정을 뛰어넘어 열광하는 심리적 성향을 갖게 되었다는 것을 이해할 수 있다. 이러한 사회적 조건 형성이 인간의 뇌 속에서 음악에 대한 공통된 정서의 유발을 가능하게 했을 것으로 본다. 음악에 대한 인간의 특별한 정서적 반응은 인간이 생존을 위한 오랜 싸움에서 스스로 살아남기 위한 수단을 강구하는 과정에서 부산물로 획득하게 된 능력과 관련이 있으니 호모 무지쿠스를 알아 감으로써 우리는 인간의 본성에 대한 이해에 한 발짝 다가가게 된다. 이것이 이 책의 논의에서 우리가 음악에 대한 이해를 뛰어넘어 인간 자신에 대한 이해를 도모할 수 있는 이유이다.

참고문헌

구자현(2008), 『레일리의 음향학 연구의 성격과 성과』, 파주: 한국학술정보.

______(2010), 『앨프레드 메이어와 19세기 미국 음향학의 발전』, 서울: 들녘.

______(2012), 『공생적 조화: 19세기 영국의 음악 과학』, 서울: 서강대학교출판부.

______(2013), 『음악과 과학의 만남: 역사적 조망』, 부산: 경성대학교출판부.

______(2014), 『음악과 과학의 길: 본질적 긴장』, 서울: 한국문화사.

______(2015), 『음악적 아름다움의 근원을 찾아서』, 부산: 경성대학교출판부.

______(2015), 『소리의 얼굴들』, 대구: 경북대학교출판부.

데에스트, 힌리히 반(1998), 『음악 치료』, 서울: 시유시.

베르거, 도리타(2012), 『자폐 아동을 위한 음악치료와 감각 통합』, 서울: 시그마프레스.

서우석(2008), 『음악을 본다』, 서울: 서울대학교출판문화원.

셔우드 외(2007), 『동물생리학』, 서울: 라이프사이언스.

이석원(2003), 『음악음향학』, 서울: 심설당.

주르댕(2002), 『음악은 왜 우리를 사로잡는가?』, 서울: 궁리.

최병철(1999), 『음악치료학』, 서울: 학지사.

Broadhouse, John(1881), *Musical Acoustics or the Phenomena of Sound as Connected with Music*, London: William Reeves.

Deutsch, Diana (ed.)(1999), *The Psychology of Music*, London: Academic Press.

Dodge, Charles and Thomas A. Jerse(1997), *Computer Music: Synthesis, Composition, and Performance*, New York: Schirmer Books.

Helmholtz, Hermann(1954), *On the Sensations of Tone as Physiological Basis for the Theory of Music*, New York: Dover.

Jeans, James(1968), *Science and Music*, New York: Dover.

Loy, Gareth(2006), *Musimathics*, vols. 1-2, Cambridge: MIT Press.

Parker, Barry(2009), *Good Vibrations: The Physics of Music*, Baltimore: Johns Hopkins University Press.

Roederer, Juan(2008), *The Physics and Psychophysics of Music, A Introduction*, London: Springer.

Sethares, William A.(2005), *Tuning, Timbre, Spectrum, Scale*, London: Springer.

Thompson, Emily(2002), *Soundscape: Architectural Acoustics and the Culture of Listening in America, 1900-1933*, Cambridge: MIT Press.

색인

숫자

영문

E

I

R

국문

ㄱ

ㅇ

ㅊ

ㅋ

ㅌ

ㅍ

ㅎ